得道
DEDAO

史立峰 ◎ 编著

中国致公出版社·北京

图书在版编目(CIP)数据

得道 / 史立峰编著. -- 北京：中国致公出版社，2025.2. -- ISBN 978-7-5145-2310-2

Ⅰ. B848.4-49

中国国家版本馆 CIP 数据核字第 2025KV3445 号

得道 / 史立峰 编著
DEDAO

出　　版	中国致公出版社
	（北京市朝阳区八里庄西里 100 号住邦 2000 大厦 1 号楼西区 21 层）
发　　行	中国致公出版社（010-66121708）
责任编辑	王福振
责任印制	张海滨
印　　刷	三河市天润建兴印务有限公司
版　　次	2025 年 2 月第 1 版
印　　次	2025 年 2 月第 1 次印刷
开　　本	710mm×1000mm　1/16
印　　张	12
字　　数	161 千字
书　　号	ISBN 978-7-5145-2310-2
定　　价	59.80 元

（版权所有，盗版必究，举报电话：010-82259658）
（如发现印装质量问题，请寄本公司调换，电话：010-82259658）

前言

“道”字小篆写作“”，表示人用脚在大路上行走。道路在古代不像现在这么四通八达，那时是很受珍视的，有祭祀“道路神”的仪式。“道”从开始的有形道路，逐渐演变为无形的道理、方法等意思。这样“道”的含义就越来越丰富，有道路、途径、方法、思路、准则、规律、述说等意义。

在今天的山东、河南一带，说一个人很有窍门，很有方法，就说这个人很有“道道”。很有“道道”什么意思呢，就是别人不能办的事情他能办，他有别人不知道、不掌握的门“道”。

有的人长相一般，却从来不缺追求者；有的人挣钱不多，但是家庭和睦；有的女性花点小心思，哄得强势了一辈子的婆婆天天说她好；有的老板不是很忙，公司打理得井井有条；有的人工作清闲，工资很高。这多半是得“道”了。

那么我们普通人怎么得“道”呢？

一

世界上什么东西气力最大？

你一定在猜想吧？

好了，不用猜了，世界上力气最大的是种子。无论压在它上面的是石头还是瓦块，它都能以顶天立地之势破土而出，它的根往土里钻，它的芽往上面挺，这是一种强大的力量。

但是，一个人如果得"道"了、觉醒了，力量就比种子还大。

年纪轻轻就有较大成就的人，多半是得"道"比较早的人。

拼多多创始人黄峥说："从识字开始，我就不停给自己设立目标，然后找到实现目标的最优路径。所以我很早就理解人生目标，甚至思考人生的意义。在求学期间，我就意识到了三件事：一是寒门出贵子是小概率事件；二是田忌赛马，在整体资源处于劣势的情况下可以创造出局部优势，进而有机会获得整个战役的胜利，基于此，平凡人也可以成就非凡事；第三，钱是工具，不是目的。"

父母都是工人的黄峥，如果不是得"道"得早，醒悟得早，他恐怕难有今天的成就。

另一些出生于条件优渥家庭的人，早在二十几岁时就已经通透，洞悉了社会的运作规律，他们不用考虑过多的试错成本。他们之所以早得"道"，是几代人智慧的传承。

二

普通人在二十多岁时，不明白财富和能力的重要性，也没有锻炼自己获得财富的能力。青春本身就是一种资源，男性能很快找到工作，女性有很多人追求。很多人就挥霍青春，一旦进入35岁，男性会失去工作优先权，再美的女性也会焦虑。因为晚得"道"十几年，别人已经遥遥领先，你追赶起来就会特别累。

通常普通家庭出生的孩子，在社会认知上，比条件优渥家庭的孩子要晚醒。因为他的长辈也一样稀里糊涂过来的，能知道读书的重要性、鼓励孩子读书就很不错了。

我见过太多很努力、很努力，却还在底层苦苦挣扎的人，很有才华却得不到提拔的人，对家庭无比负责却遭遇背叛的人，帮过无数人自己落难时身边却空无一人的人。

其实，人生的所有问题都是自己造成的。

人的每一次得"道"就是重生，会给生命注入更加强大的力量，从而破圈，彻底改变自己的命运。

将我看到的这个世界的底层逻辑写出来，让与我有同样经历的这部分人早点得"道"、早点觉醒、早认识到社会运行的真相，在正确的方向上不断努力，是促使我编著这本小册子的重要原因。

三

没得"道"、不觉醒，没有破圈思维，再努力也过不好这一生。

得"道"，先要知道自己是谁，知道自己要什么。

我有一个很好的哥们儿，他名下的资产几千万，经过多年的奋斗，有了自己的产业。

可是，过去他打架、出入夜店，见人不服就干。

一天，我们一起吃饭，碰到我们都认识的一个熟人，那人在同一家饭店的另一桌。

我们过去打了招呼，吃完饭，付款。

回来的路上，他反复问我，没给熟人那桌结账，他会不会记仇？

我说：不给他结，没多少钱；给他结，也没多少钱，别纠结了。

他变了。

过去他一个人能单挑三个。现在，见到过去十分讨厌的人，都想递根烟。

这就是他人生的第一次得"道"。

人如果不清楚自己是谁、自己有几斤几两，就不可能成长。

得"道"的人，不再抱怨挫折，不再四处诉苦，不再高估关系，不再在意别人的眼光，保持谦逊，保持形象，有边界、有分寸、有底线、有目标，人生开始从一个阶段迈向另一个更高层次的阶段。

我们来看一下达克效应的曲线图。

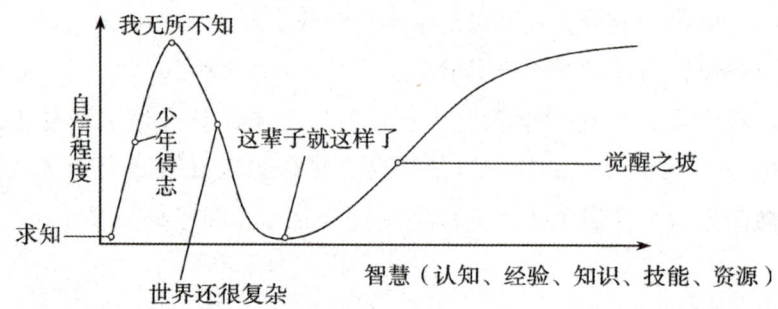

大部分人都处在"我无所不知"的愚昧之巅。人能够成长为智者和大师，要先从愚昧之巅，掉到"这辈子就这样了"的绝望之谷，然后再辛苦攀爬，经受攻击和无助，才能走上得"道"之路、觉醒之坡，积累知识、资源和经验，成为某一领域的成功人士。

四

得"道"，还要了解世界运行的规律。

社会上有的人收入是你的十倍、百倍，难道他们的智商也是你的十倍、百倍？当然不是了。同样生活在一个城市，为什么有的人月收入几千元，而有的人收入几万元、十几万元？有的人活得潇洒，似乎有花不完的钱，而有的人却抱怨社会不"温柔"？是什么造成了这样的局面？有的人说是天赋，有的人说是经验，有的人说是运气，有的人说是有没有遇到贵人提携，还有的人说是家庭背景。

每个人的一生中都会或多或少地被赋予一些运气，红运当头时，摔个跟头都能捡到钱。

没错。这很重要。但这不过是锦上添花，一个人能否得"道"的本质绝不在于此。

我们人类生活的这个宇宙和这个地球的运行是由它的规律来决定的。一年四季的春、夏、秋、冬，每天的白日和黑夜都是由自然规律来决定的。作为人类，不管你是否了解这个规律，是否喜欢这个规律，它都按照自身的规律在运行、在起作用。

你必须去经历各种事，在经验中观察世界的各个层面，知道"我"之外的这个世界是怎么运转的。

人要有敬畏之心，咱们说有的做大生意的人会供奉财神，其实是对财富的恭敬；人们每逢节日去祭祀去世的亲人，其实是对爱的恭敬。你很渺小，你取得多大的成就都很渺小。美国总统也很渺小，爱因斯坦也很渺小，他想不通的事情太多了。地球都很渺小，银河系都很渺小。银河系在宇宙中也不过是一粒沙。

放下执拗，去了解财富运转、获得幸福的真相，并尊重这种规律，是一个人得"道"的关键一步。

五

得"道"，对人性也要有比较透彻的理解。

我们为什么要学习社会学、政治学、心理学，就是见众生。人是简单的，也是复杂的；人的外形是相似的，但个性是不同的；人生是甜的，也有一点点苦；人是善良的，但是在某个角落里也隐藏着一点点的恶。我们的生活主要是与人打交道，不了解人、不见众生怎么行？

比如，听了一个投资大师的理财课，结果我赔了很多钱。

谁的错？我的错。

啊？明明是他骗了我，为什么是我的错呢？

难道我不应该要求他道歉吗？

我可以要求他道歉。但是，道歉有什么用？

而且，我要求他道歉，钱就回来了吗？不需要花时间吗？

他要无赖和我吵起来，不更需要花时间吗？我的时间没地方花了吗？

我不光损失了金钱，还浪费了时间，同时还把自己的心情搞糟了。

怎么办？

以后小心就是了。然后，心平气和地该干吗干吗。

因为我的时间很值钱，我的健康很重要，我有更多的事情要做。

这就是"谁的损失大，就是谁的错"。

你和伴侣离婚了，对方把你伤得很深，你的钱财也被卷走了，是谁的错？

这次职务晋升领导考虑的是能力远不如你的小王，你、领导和小王，是谁的错？

想想，你好好想想。

了解人性后的得"道"，就像站在巨人的肩膀上看待这个世界。

六

选择比努力重要，而得"道"比选择更重要！当你感觉人生到了瓶颈的时候，就一定要把这本书放在触手可及的地方，一闲下来就读一读。提高自己的认知，从而得"道"、觉醒、突破。

得"道"的时间因人而异。有的人在十几岁就得"道"了，有的人在三十多岁才得"道"，有的人可能一辈子都没得"道"。得"道"的早晚，决定了一个人在人生道路上的认知和行为模式，从而影响他们的命运。越早得"道"的人就越早知道自己要什么，就越有自己的目标，这一生就不会被浪费。

得"道"，就是自己救自己！

得"道"，就能改变命运！

希望你能成为一个早日得"道"、觉醒、成功的人！

目 录

上篇　认知突破

01

第一章

没得"道"，再努力也是瞎忙

谈谈能力之外 004
人生的三道大题，你能做对几道 006
如何实现阶层跃迁 009
什么时候该听父母的，什么时候该听自己的 011

02

第二章

开悟：鸡蛋从外打破是食物，从内打破是生命

勤奋是必要条件，而非充分条件 014
破除供养思维 016
反向思维：世界是颠倒的 018
渴望事事公平的人很幼稚 020
自证预言 021

I

第三章

跨越圈层

向上社交 024
人脉的本质是给予价值、平等交换 027
认识好兄长，比苦干十年强 029
如何吸引别人主动帮助你 031

第四章

被讨厌的勇气

还有什么好尴尬的 035
不必争取 100% 的人对你满意 037
不撕破脸，但可以拉下你的脸 039
为什么有时候大众畏威不畏德 040

第五章

跳出对错思维

找不到答案的事情就不要再想 043
谁的损失大，就是谁的错 045
课题分离 048
你不愿意相信的，往往就是事情的真相 050

第六章

目标、勇气与自我实现

人生盲盒论 ……………………………………………053
大胆说出你想要的 ……………………………………055
大不了从头再来 ………………………………………057

中篇　觉醒与升维

第七章

与世界和解

先与自己和解 …………………………………………062
为什么有的人看起来很年轻 …………………………063
看戏的心态 ……………………………………………065
承认自己心底的世俗 …………………………………067
永远不要自责 …………………………………………069

第八章

智商过剩的时代

用最大的恭敬和真心来面对信仰 072
受助者恶意 074
偏　见 076
别人尊重你，是他认为他比你优秀 078

第九章

别在该动脑子的时候动感情

爱、恨、嗔、怨、痴的根源 081
你不忍心拒绝别人，别人忍心拒绝你 083
人要学会扔东西 085
感情里的延迟满足 087

第十章

说话的边界与分寸

只要不产生利益冲突，
　别人的话一般不需要反驳 090
有人骂你怎么办？ 092
说一不二与说三道四 094
酒文化与酒桌话 096

第十一章

弱连接思维：成就你的往往是陌生人

路过我们生命的人，都参与了我们，
　　最终构成了我们本身……………………………………100
他们也在等着你主动认识……………………………………102
结识当今世界上最重要的人…………………………………104
陌生人推门进屋，对方先重点观察的往往是你的脚……107

第十二章

接纳思维

人生，无非是一个不断失去的过程……………………………110
人最重要的不是"得"，而是对失去的接纳…………………112
负向暗示力：越怕什么，越会得到什么……………………114
为什么得不到的更有诱惑力…………………………………116

第十三章

别指望别人理解你

除了你自己，很少有人在乎你的自尊………………………119
医不叩门，师不顺路……………………………………………121
为什么我们总是遭遇恶人………………………………………123
克罗雷的故事……………………………………………………125

下篇　破局

第十四章　14

破小人局：不要在乎失去了谁，而要珍惜剩下的人

假如偶然踩到了狗屎 130
总有人和你过不去怎么办 133
生意场上，别人没有义务对你绝对忠诚 136
不要小瞧单位里不干活的人 138

第十五章　15

破婚姻局：完全的信任，一定来源于没有秘密、没有防备、没有算计

你怎么变了 141
跟妻子多谈感情，不要讲道理，更不能讲逻辑 143
结得起、过得起，离得起吗 145
为什么人间多是被辜负 148

第十六章

破事业局：只要埋头苦干，做出业绩，迟早会被提拔？

你以为自己很重要，其实并非如此 151
委屈都受不了，能成什么大事 153
有时批评是一种保护 155
别怕麻烦领导 157

第十七章

破财富局：如果你想的是对的，为什么兜里没有自己需要的

为什么买涨不买跌 160
穷人存钱，富人借贷 162
投资并非一个智商为 160 的人
　一定能击败智商为 130 的人的游戏 165

第十八章

破低谷局：多黑的天，到头了也得亮

你一定要千百次地救自己于水火 168
自愈的能力 170
你若不勇敢，谁替你坚强 172
这些年，你以为自己只是懒，其实是怕 174

上篇　认知突破

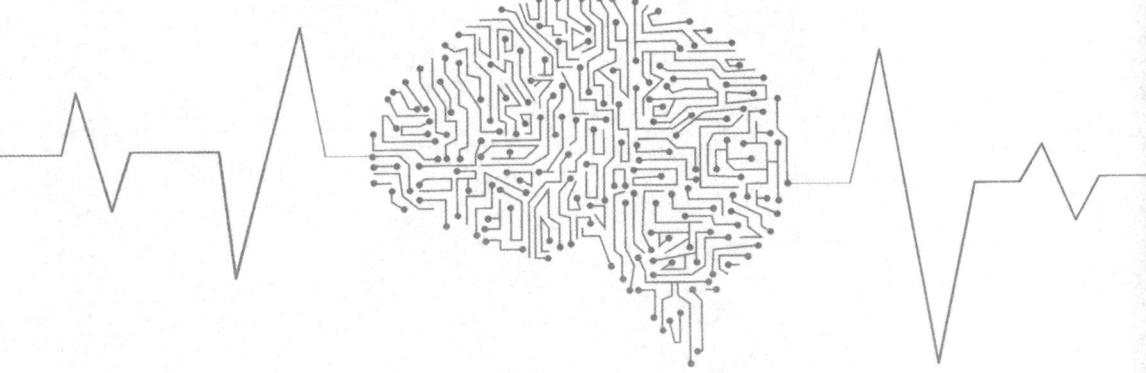

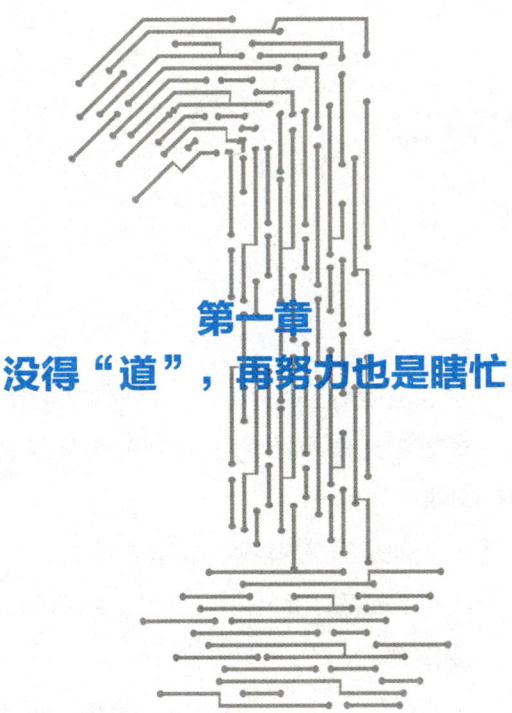

第一章
没得"道",再努力也是瞎忙

 ## 谈谈能力之外

世界上只有少数人能获得高收入，能取得较高的地位，他们靠的是什么？我一直在想这件事情，让一个人能够创造财富、能够成功的因素究竟有哪些？

我后来发现一个现象非常有趣，很多人认为，遵守纪律、服从命令、工作努力认真、顺利完成任务，便能令领导满意，让同事青睐，由此赢得大家的尊重。

现实中，有些人极富才华，却始终不得施展；有些人兢兢业业、埋头苦干，却得不到一句赞许；有些人做出了突出贡献，却一直得不到提拔重用。

许多人都是如此。为什么？我一直在想，能力是人的资本吗？是的，毫无疑问。但是，**能力绝不是唯一的资本，甚至连最重要的资本都不算**。

为什么？

很多事情都是有其内在原因的，是无法用常理解释的。我们俗语中的"好男无好妻""鲜花往往插到牛粪上"也是这样。我们常人觉得某一对夫妻怎么看都不般配，而他们实际上却很幸福，而我们认为很般配的一对，结局往往是"劳燕分飞"。

第一章
没得"道",再努力也是瞎忙

看到电视上的歌手、演员,总会有人说,他演得那么烂、唱得那么难听,还有那么多人喜欢,换成我,一定怎样怎样……但你有没有反问自己,为什么他能站在那里演戏或唱歌,而你却没有?从古至今,**一个人的成功不单单在他的专业上,成功其实涵盖了很多方面**,包括人际关系、言谈举止、性格、忍耐、坚持、思想成熟度等,再有,才是机遇……

我有一个朋友,他也是一个大老板,曾经与比尔·盖茨握过手,我到他的办公室去,见他把握手的照片放在显著位置,恰到好处地让人看见。因为能和高山仰止的人物在一起,他自己的形象也大大提升了。他还在前台的位置放着和某协会会长的合影。他逢人就说和某重要人物是朋友,所以,他到哪里办事都比较顺利。

富豪们之所以要打高尔夫,并不是一局花了几百元钱,人就可以更放松、更休闲,而是因为那里常常是个俱乐部——富人的俱乐部,处在那个圈子里,有更多的信息可以沟通,更多的感情可以联络,为的是以后好办事。醉翁之意不在酒啊!

如果你想的是对的,为什么你兜里没有自己想要的?

做着和以前一样的事情,思维和脾气一点也没变,那么,你想取得和以前不一样的结果,这可能吗?

一个人要想有所成就,不是只要学历高、技术好就可以了,还有太多的内容值得我们去学习!

人生的三道大题,你能做对几道

努力,是事业腾达过程中必要的金科钥匙,比努力更重要的,是你的方向选择。如果你开始的选择便注定不得志,那么不管你多么努力,都可能只是一场徒劳。

你想去海南,结果你往北走,你能到吗?你选择了和一个很"渣"的人谈恋爱,无论怎样用力学习婚姻技巧,也过不好这一生。

所以,努力一定要放在选择之后。昨天的选择决定今天的结果,今天的选择决定明天的结果。如果选择不对,努力的效果为零或减半。

关系人生的重大选择有三个。

一是学业的选择。

上不上大学是两种人生,上好大学和上一般大学是两种人生,学不同的专业也是不同的人生。

俞敏洪曾经说过,他在农村的时候,高中毕业以后有两个选择:一是认认真真地当农民,面朝黄土背朝天一辈子,但是俞敏洪不甘心;二是离开农村,离开农村的唯一办法就是考上大学。如果不离开农村,他或许能成为特别优秀的村干部,但不会有现在的成就。

在一所大学教书的王宾,26岁就当上了团委书记,30岁任学工处长，如今已经是该校的校长助理。据他介绍，在他毕业的时候，许多大跨国公司都去学校招聘人才，成绩好的人都被挑走了，被挑的人一般都会选择薪水高的公司；成绩不好的人才会去一般的小单位。王宾当时成绩非常好，别人在大学"享受"人生的时候，他把主要精力用在学习上，于是被挑中，但是他选择了留校。他认为教书育人才是他的理想，才符合他的个性。事实证明他的选择是对的。

我上大学的时候，其他同学毕业后去了单位上班，有的进了国家机关，有的进了企业，有的自己创业。多年后，他们的人生完全不同。有两个同学，没有单位接收，他们就一心考研，直到考取博士，一个在学校当了教授，一个到了地科所。

从学业到事业，不同的选择决定了不同的人生方向。每个人都只能年轻一次，珍惜学业选择的机会，它对人生很重要。

人生另一件很重要的事情，就是选择伴侣。

有了一个好伴侣，实际上就有了一个希望。人的一生短短几十年，婚姻生活在其中至少占到一大半。你的婚姻质量不仅决定你的生活质量，而且还影响到你的工作状态和身心健康。若是遇到对的人，那么，这辈子至少可以在平静安谧中度过；假如找到错的人，再怎么努力，再怎么退让，这辈子也难得消停。

所以，你必须在对的时间选择对的人。两人能够风雨同舟，互相帮衬。你必须考虑对方的德行，与对方是否有共同的兴趣爱好，是否有可以分享的价值观，这些因素非常重要。

择偶还需要考察一下对方的家庭背景，这种"门当户对"的观念虽然老土，却是最直接的判断方式。一般来说，出生在什么样的家庭，往往对一个人的人格有很大的影响。若出身农家，小时候吃过贫困之苦，结婚之后一般能够保持勤俭持家，但是可能过于吝啬；

若小时候养尊处优，成家之后，往往可能入不敷出，尤其是在赚钱能力不足的情况之下。所以，这是可以作为参考的要素，并非绝对不变。结婚不仅是两个人的事情，还会涉及两个家庭。

人生的第三次选择，是对人性考验的选择。

以前做事从感情出发，从事情本身出发，以后做事从人性出发，顺人性而做。其实，人是特别简单的，人的所思所想所做，都是在满足自己的需求。人又是趋利避害的，生命中不仅需要同情，亦需要碾碎软弱心肠做出理性的最优选择。一般来说，人类的本性是趋向善、讲仁义的，但亦有忘恩负义、变化多端、弄虚作假、怯懦软弱、贪得无厌的成分。

当你从以我为主的逆人性，走向什么事情都能理解、接纳的顺人性，就选择了一条走向顺利人生的路。

苏格拉底曾说："未经审视的生活，不值得过。"人生有很多次选择，无论怎么选都可能有遗憾。但是，审好这三道"大题"，并做对了，那么你的人生就差不到哪儿去。

 **如何实现阶层跃迁**

如果父母奋斗了一辈子也只能保持温饱,到你这一辈,已经十分努力了,还挣扎在贫困线上,你可能就会慢慢开始相信,无论你做什么,都不会对你的未来有多大作用。

"我的生活是由我所不能影响的力量所控制的。"这是一种习得性无助,从而一边顺从,一边愤世嫉俗。

大部分人被锁死在一个社会层次上,限制在一个圈圈里,一辈子都摆脱不了。那么,一个人、一个家庭怎样才能实现阶层的跃迁呢?

(1)财富的跃迁。

中国过去四十多年的巨变举世瞩目,这场巨变最显著的特征便是财富的迅速累积。但是还没有积累一定财富者就底气不足。所以努力挣钱,实现财富的跃迁,是人生阶层跃迁的根本。

你有没有发现,不少人即使再努力工作,每个月还是感觉钱不够花,这时候需要更新自己对于金钱的认知。

收入来源有两种:一种是资产性收入,即现有资本带来的收益,如房租收入、股权分红、版税收入等;另一种是劳动性收入,即利用劳动和技术换来的报酬。大多数人之所以无法实现财务自由,就是因为他们只有劳动性收入,而没有资产性收入。

有了资产性收入，拥有财富之后，他们才有了让人尊敬的底气。没有财富的积累，你话说得再对也没人当回事。

（2）思维的跃迁。

在做事的时候，因为思维方式的偏颇和错误所付出的代价最多，常常把问题看错，把事情做错。

实现阶层的跃迁，根本上要实现思想上的跃迁。观念正确，理解才能正确，判断才能正确，行动才能正确。

如果说人生实现跃迁的第一个层次是靠学识、靠勤劳、靠拼命干，和别人竞争，去实现财富跃迁；那么**第二个阶段就要靠观念、靠思维，靠强大的认知和对人性的深刻把握**。

如果你很努力了，还很有才华，但没有成功，多半是你的思维还没有实现跃迁。

（3）三代人的努力。

普通家庭要想实现阶层跃迁，需要三代人的努力，也许大多数人接受不了，时间太长，不现实也等不了。但以现代社会阶层的难度，不算"黑天鹅"事件，保守估计需要三代人一直努力，做好自己应做的事情，才可以实现这个高难度的目标。

每一个层次想要跃迁到另外一个阶层都很难，穷人要节衣缩食，中产要克制自己，富人要不断学习。改变对金钱的看法，实现思维的跃迁，然后还要一代代人的不懈努力，才可能真正实现阶层的跃迁。

其实人生有三个阶段：寻找自己，认识自己，成为自己。但有些人不去寻找，也不去认识，想直接略过前两个阶段，来个三级跳，一蹴而就，成为幻想中的自己。但他们终究无法跳过。

每一步都很重要，每一步都不可或缺。

什么时候该听父母的,什么时候该听自己的

一般父母的思维,容易让孩子造成短视,限制孩子的视野与格局,束缚孩子的手脚,哪怕他们已经很成功。富兰克林说:"被贫穷思维缠身的人,如果自身力量不够强大,最终会把这种思维传递给下一代。"

我有个同事贝贝,从小学习就好,一直梦想着考上重点大学,改变自己的人生。可是她的父母都是农民,在田间地头辛苦了一辈子,生怕孩子走上和自己一样艰辛的人生路,所以她初中毕业时,父母逼着她读了中等师范学校。虽然她以全区第一的成绩考上了最好的重点高中,但父母因为自身思维的局限,觉得能考上"中师",摆脱农民的身份就已经很满足了,不敢再有更大的奢望。

好在贝贝没有听从父母的安排,工作后又读了大学,考了研究生。

后来,她把孩子交给公婆,转战南方老家做外贸,终于做出了名堂。

贝贝说:"从上中师起,就给自己争取各种机会,让别人认识你,知道你。这样,真有机会,也会先轮到你。不争取,

能力也没锻炼，好事来了也没你的份啊。

"还有，你要和有资源的人做朋友，这些朋友给你带来的机会，会比你那些普通朋友多得多！和他们做朋友，会改变你很多。

"认识到这一切时还是迟了。做生意后才发现，大胆争取和交有资源的朋友太重要了。我的一个重要客户就是一个在当地较有实力的故交帮忙才联系上的。幸亏上大学时就很活跃，当记者，做社团，自我推销能力很强。"

成年人一定要跳出父母的穷人思维、老好人思维、退让思维、卑微思维等。你的原生家庭是你的一道坎，你不跨过去，你就永远只是你父母的延续、贫困的延续，没法开始自己的人生。

但是，有几件事情，无论父母如何，还是要听听父母的意见。一是女孩谈男朋友、嫁人的时候；二是父母曾经走过很多弯路，并以此告诫你的时候。

总之，如果你的父母很成功、很富有，或者很有地位，那就听父母的。否则，你就听自己的。

第二章
开悟:鸡蛋从外打破是食物,从内打破是生命

勤奋是必要条件，而非充分条件

一个人想成功，勤奋是必要的，要么体力勤，要么脑力勤。但是，对于普通人而言，要想破圈，仅仅勤奋就够了吗？

对于普通职员来说，你很勤奋、很敬业，只能证明当初聘用你是正确的，那个招你进单位的人力资源经理的眼光是独到的。如果你只知道努力工作，不去思考自己的未来，思考如何让自己更有价值，让自己的能力更好地变现，那么你的努力就等于消耗生命。

不管什么时候，努力都是必要的。但是，无论在过去还是现在，努力的人的结局往往非常悬殊：有的腰缠万贯、身价不俗；有的则面临失业，生计无着；有的人获得大量订单，有的人跑断了双腿也颗粒无收。与其默默无闻地埋头苦干，不如多动些脑子想想为什么同样是开店，同样奔波忙碌，有的人赚钱，有的人赔钱呢？

对于这个问题，洛克菲勒认为："我觉得是经营有问题，只知道工作的人不一定能取得更好的利润，如果经营得好，小本生意也可以赚钱。"经营与工作是大不相同的。

就连迈克尔·乔丹都说："我不是用四肢打球，而是用脑子打球。"别看球员在场上同样是跑来跑去，但是跑的效率大不相同。

我有一个朋友，创业之前，他是典型的慢条斯理、不慌不

第二章
开悟：鸡蛋从外打破是食物，从内打破是生命

忙型；而现在，每一句话都能感受到他浓浓的紧迫感，他巴不得将1天当作2天用、1块钱掰开当2块钱花。有一次我开玩笑："你这么猴急，在你下面可不好干啊。"他说："没办法，都是被逼的，被客户逼、被银行逼、被员工逼，不紧迫不行。"我回他："我看你这么下去，非把自己逼疯才行。现在公司也有小百号人了，冲锋陷阵也是你，日常琐事也是你，这样可不行啊。"他说："没办法，下面的人能力不够，办事我总是不放心。很多事情我一个电话就搞定了，他们搞来搞去，半天也没有结果，最后还是要我来收拾烂摊子。"我回他："是的，你是公司老板，你一出手马上搞定，效率肯定高。但你有没有想过，这个高效率，仅仅是'点效率'，而不是'线效率'，更不是'面效率'。说得难听点，你可能是在用战术上的勤奋来掩盖战略上的懒惰，你这是在玩命啊。"他一脸惊愕。

你能干活，就有干不完的活。你能吃苦，就有吃不完的苦。

所谓"君忙国必乱，君闲国必治"。如果你发现自己的公司这里需要管理，那里需要管理，不是说明你的管理本事大，更不是高效率，而恰恰说明你的公司没有管理好。你越努力，管理效率就越低，你越努力，离你的目标就越远。你自己累，效益还很难有起色。

人生有些无解的事，再努力也解不开。盲目的努力就是消耗生命，认知、资源、方法、选择，比努力更重要。**成功靠的是经营而非蛮干。**

破除供养思维

有个专业心理学词语叫"区分",人要哪些是自己的事,哪些是别人的事,哪些是老天的事。有的人没有边界,没有立场,整个生活一团糟;操着老天的心,操着别人的心,然后抱怨自己,把自己变成受害者。真正厉害的区分是什么呢?**我把你的命运还给你,以平常心应对无常事**。

在一档情感节目上,夫妻二人闹矛盾,丈夫抱怨妻子不理解自己。他说,自己努力工作,开好几个店,照顾妹妹、弟弟,给了多少多少帮助,照顾家,给妻子好的生活,对朋友很仗义,妻子还要跟他闹,身边连个理解、体谅他的人都没有。他说着说着就开始痛哭流涕。

一个好人被逼成这样,好委屈啊,好感人啊。
但是,他真的值得可怜吗?
真正的情感是双方互相的付出和回馈,并不是一厢情愿的自我牺牲。你以为你感动了全世界,其实你只是感动了自己。
弱者总是习惯拿出自己所有的能力去供养亲人或陌生人,用钱、用精神和情绪去讨好别人。这就是典型的供养者思维。

第二章
开悟：鸡蛋从外打破是食物，从内打破是生命

即使你赚了很多钱，事业很成功，供养思维也很难长久。供养思维会影响你的团队，让你这个人没有办法发展。有供养思维的人，会被大家说成好人，但这其实是对自己的一种剥削。

真正厉害的人，都摒弃了供养思维，变成了合作思维。 你给我什么，我给你什么；我不坑你，你也别坑我。很多成功的人不会用框架去框住自己，更不会自己害自己。

一个人别瞎大方，别瞎干。时间久了，大家会觉得，你做的一切都是应该的，即使有一天你撑不住，哭了累了，也没人心疼你。过度的付出，有可能成为你沉重的枷锁，只会喂养那些不断索取的人。

人与人之间，都存在一个能量场。凡是差的关系，都是在彼此消耗，让你变得暴躁、消极、卑微；凡是好的关系，都是在彼此滋养，让你变得平和、积极、自信。常言道，择善而交。余生，远离消耗你的人，多靠近滋养你的人。

如果你实在不能摆脱这种供养思维，就请记住两点。

（1）我们供养的是一种关系，不是一个人。人与人之间的关系，特别是在商业场合，究其本质，都是利益互换，我用我手里的资源，换取你手里的资源，各取所需。

（2）供养的边界要清楚，要在自己的能力范围之内。说一个很典型的供养关系，我和我的儿子。我生了他，我对他的物质抚养和精神陪伴，必须是有边界的。哪怕他再可爱，我也不可能放弃自己的工作，不断地满足他的所有欲望。

反向思维：世界是颠倒的

当大家都朝着一个固定的方向行动时，那些厉害的人却朝着相反的方向思索。

比如，一类人很计较物业管理费，认为愈少愈好。但是他们拥有的产业因为缺乏管理，五年、十年后已破破烂烂。一类人则相反，他们的住宅因管理良好，十年后反而大幅升值。

一类人认为，我要交穷哥们儿，这样我才有优越感，处起来也舒服。一类人认为，我要敢于向上社交："我或许对他并不重要，但是，他对我非常重要。所以我必须主动一点。"

一类人认为，这世界不公平，经常说："气死我了。"一类人认为，这世界不公平，但合理。

一类人认为，我对他（她）那么好，我花了那么多心思和钱在他（她）身上，可是……一类人将精力用在提升自身价值上，让自己变得"值钱"。

一类人思考的核心逻辑是划不划算，买不买得起。一类人思考的是我需不需要。

一类人吃饭讲究香不香，甜不甜，辣不辣。一类人吃饭讲究有没有营养，对身体好不好。

一类人想，这件东西太贵，我可付不起。一类人想，这件东西很好，

第二章
开悟：鸡蛋从外打破是食物，从内打破是生命

我怎样才能付得起呢？

当一件事你无法解决时，不妨反过来想。越想利己就越要先去"利他"。

有些人，看起来呼朋唤友，其实私下里很孤独。

你以为时间是向前走的，其实相反，**时钟都是倒着走的，人生都是倒计时**。

你看到一个人的明显特征，同时你也就看到了他相反的一面。

有些事你做不成，不是你能力不行，不是你认知不够，不是你不够努力，而仅仅是你以前做反了，搞颠倒了。

你追求成功的方法是错误的，不如反过来追求失败。

你去追求配偶，付出所有去巴结，这就颠倒了本质，你应该首先回归自己，提升自己的价值，让自己配得上对方。

你如果不爱自己，怎么能指望别人来爱你呢？

《百年孤独》中说："生命中曾经有过的所有灿烂，原来终究都需要寂寞来偿还。"在自己的世界把自己看得重一点，在别人的世界把自己看得轻一点。静静地过好自己的生活。心若不动，风又能奈何？

渴望事事公平的人很幼稚

社会没有公平不公平，生活从来没有绝对公平的理想国。

有人生来高贵，坐拥一切，有人生来贫寒，一无所有；有人天生丽质，玉树临风，有人生来就有缺陷，疾病缠身；有的人一生如顺水推舟般成功，有的人用尽毕生精力披荆斩棘才能获得成功。

世上没有绝对的公平。如果真的绝对公平了，反而是另一种不公平。人生来就有很多的不公平，出身背景不同、家庭关系不同、受教育的程度不同。最让人们感到心里不平衡的是，从前跟我在一个锅里吃饭的人，今天吃的不一样了，一起工作他升职了，同样做生意他发财了，都没有背景他事事顺利、我处处碰壁……

比尔·盖茨说："社会是不公平的，我们要试着接受它。"

人生是不公平的，但合理。我们不能因为自己出身不好，或者受了一点点委屈，受到了一点点不公平待遇，就抱怨生活。

任何社会都没有完全的公平。承认生活并不公平这一事实，不意味着我们就会安于现状，满腹牢骚，恰恰相反，它正表明我们应该努力做好分内的工作，争取更大的成功来改善目前的窘境。

 自证预言

不要经常说自己这不行,那不行,这不是谦虚,是自证预言。

自证预言是一种心理现象,是说你的信念和态度会影响你的行为,进而影响结果,最终证明你的信念是"正确"的。

换句话说,你相信什么,就容易变成什么。

比如说,你内心觉得自己的对象出轨了,他随便和异性同事说一句话,你都觉得他们是在打情骂俏。

比如说,你内心非常讨厌一个人,即使他真的在做一件善良的事情,你也觉得他是在惺惺作态。

大部分人对一件事情的判断,不是按照真相来的,而是根据自己内心的投射来的。内心的投射还会改变结果的走向。

这听起来可能有点玄乎,但实际上,它每天都在我们的生活中上演。比如,你如果总是告诉自己"我不会成功的",那么你可能就会因为这种信念而不去尝试,或者在尝试中轻易放弃,最终证明了你的信念。

如果你经常对自己说"我这不行,那也不行",然后便会在潜意识中,不断强化这个信息。在关键时刻,这种信念就会转化为实际行动(或者说,不行动),让自己真的变得"不行"。

这里面有个很微妙的心理机制。

得 道

有一个女人，第一次婚姻，被男人家暴，然后离婚。

在第二次婚姻中，她又被男人家暴，然后又离婚。

第三次还是家暴。那个女人对心理医生说："我不懂为什么婚前温柔体贴的丈夫在婚后会有这么大的变化，还会动手打我。"

可是心理医生在丈夫的口中却听到了另外一个版本。

丈夫对心理医生说："我们感情一直很好，但从结婚以后，只要发生一点小争吵，妻子都会说'有种你打我''你是不是想要打我？那你打我啊，你打啊'。"

在妻子无数次挑衅和暗示之后，丈夫大脑一片空白，伸手打了妻子。

后来经过深挖才知道，这个女人从小就看惯了自己的母亲被父亲殴打，所以她发誓自己长大后一定要找一个跟父亲完全不一样的男人。

于是，她选择了性格温和的丈夫，但是结婚后她总预感自己会和母亲的命运一样，她总觉得男人没一个好东西，最后都是会打老婆的。

她害怕变成这样，不断在试探，在自己的"调教"和"暗示"中，丈夫变成了一个打老婆的人。

你看，这就是自证预言的危害。

要想打破自证预言的恶性循环，得意识到自己其实在不断地给自己贴标签，得学会用更积极、更健康的语言和思维模式来替代它们。

比如，**每次当你想说"我做不到"时，试着换成"我可以试试看"**。这样一来，你的潜意识就会接收到一个全新的信息，即你是有能力、有可能去完成这件事的。

选择相信自己，世界才会充满可能！

第三章
跨越圈层

| 得 道

 向上社交

路遥在《平凡的世界》里写道:"一个人的思想还没有强大到自己能完全把握自己的时候,就需要在精神上依托另一个比自己更强的人。"

克林顿17岁的时候,遇到肯尼迪总统,他在肯尼迪的影响下逐渐加入美国上层的政治圈子,后来决定从政。可是克林顿在没有加入肯尼迪总统的圈子之前,是读音乐系、吹萨克斯管的,加入一个政治家的圈子结果使克林顿做了8年的总统。

社会学有一个很流行的概念叫社会资本,所谓社会资本,就是把社会关系资源加以运用,以提高生存和发展的能力。社会关系资源犹如货币,社会资本就是一种像货币一样被用来投资获利的关系资源。

和比自己弱的人混在一起,能让自己有成长吗?那些被你"碾压"的人,能教你多少赚钱的方法、为人处世的东西呢?可能你会觉得,被别人"碾压"是一件很不爽的事情,他们能俯视你,一眼看穿你,让你没有尊严!但是,**跑到比你强大的人面前,跟他交流,受他"碾压",然后被他一顿"摧残",你才会强大**。每一次被

"摧残"，每一次遇到顶级的强者，都能让你从中有巨大的收获。你应该庆幸，自己碰到了一个狠角色，能从这个人身上学到更多东西！跟比你能量高的人做朋友，跟比你能量低的人做生意！想要成长，就要往上看，走出舒适区。

你要想成长，就必须找到比你更强大的人，被他们"碾压"，被他们击碎，重新黏合在一起之后，你就完成了一次重生！

人生的三种相处境界是向上社交、向下兼容、向内安放。

向上社交大致要经历以下三个步骤。

（1）筛选。

把与自己的生活有直接关系和间接关系的人记在一个本子上，把没有什么关系的记在另一个本子上，这就像打扑克中的"埋底牌"，把有用的留在手上，把无用的埋下去。

（2）排队。

要对自己认识的人进行分析，列出哪些人是最重要的，哪些人是比较重要的，哪些人是次要的，根据自己的需要排队。这就像打扑克中要"理牌"一样，明白自己手里有几张主牌、几张副牌，哪些牌最有力量，可以用来夺分保底，哪些牌只可以用来应付场面。

（3）对关系进行分类。

去参与一切可能会拓展圈子、提升平台的活动，去发现一切可能向上社交的机会。这可能是日常的工作场合、团建活动，可能是一次深造培训、一顿工作餐，可能是普通的人情往来、同城的读书会、球类俱乐部……适时对各种资源的功能和作用进行分析、鉴别，把它们编织到自己的资源网之中。即使各种资源对你所起的作用不同，但对你都可能是至关重要的。所以对你身边的资源网进行分门别类，

得 道

你自然就会明白,哪些资源需要重点维系和保护,哪些只需要保持一般联系和关照即可,从而决定自己的交际策略,合理安排自己的精力和时间。

第三章
跨越圈层

 人脉的本质是给予价值、平等交换

人与人的关系分为强关系和弱关系。通常,我们认为熟人、发小、亲戚是强关系。这是一种误解。熟人,或者像"死党"那样的友情,并不需要刻意花时间去维护。这其实是人际关系中的一种弱关系。你们没有共同的利益,也就是一起吃吃喝喝、打打游戏。当你真正有事的时候,他未必会站出来。

别人不帮你,也不要怪别人,要以平常心看待。

前段时间,一位朋友向我吐槽,说他最近遇到一个困难,请公司一起共事了多年的同事帮忙。对方不愿意帮。平时他经常请这位老同事吃饭,还帮了他不少忙。现在自己遇到困难了,想请对方帮忙,没想到竟然遭到如此冷漠的拒绝。

当时,这位朋友虽然感到心寒,但并没有责怪自己的老同事,反而怪自己认错了人。他将老同事当成知心朋友,没想到他在老同事心中一点地位都没有。

朋友把他与同事的关系定义为强关系,其实并不强。人家给你办事或者不给你办事,都不影响人家的生活和工作,甚至觉得你这个朋友也可有可无。你没有给予对方价值,或者你没有可以交换的资源。

在职场中，你可以把平时关系好、熟悉的人当成朋友，但你有困难时，别人是否愿意帮忙，并不是由你决定的。你必须摆正心态。

事实上，除了你的家人，你所认识的朋友大部分都不会和你一起经历风雨，哪怕你对对方掏心掏肺，对方同样可以在你遇到困难、需要帮忙时，选择不帮。

特别是那些经常一起吃吃喝喝的酒肉朋友，你一旦有事他往往躲得远远的。

真正厉害的人，对强关系的定义是互惠的关系。

入职五年多，月薪六千多的门卫大爷突然说不想干了。老板有些着急，急忙询问情况。大爷说公司的文员对他不尊重，一会儿让他送快递，一会儿让他买奶茶，还说他是个老家伙。大爷说待在这家公司太受气，换家公司去当门卫。老板急忙把文员叫过来给大爷道歉，还表示要把文员辞退了。大爷闻言，这才答应不走了。文员不服气，平时他和老板性格很投机，经常一起陪客户"嗨"到很晚，关系很不错。他私底下问老板，你怎么为了一个老头把我辞了。老板说，大爷有个儿子，是我们多年的大客户公司负责采购的经理。

看，文员与老板的关系就是弱关系，老板与大爷的关系就是强关系。

认识好兄长，比苦干十年强

一个人要想成就一番大事业，光靠自己的力量是不够的，在力量不够大时，你还要善于借助贵人的力量。从成功须借助外力的角度看，人生至少要找一位贵人相助。个人的努力像爬楼梯一样，脚踏实地，而贵人的出现，就相当于乘上了电梯。

在韩国有这样一个小伙子，他曾受过良好的教育，但家境贫寒。他在二十多岁的时候，遇到了人生第一次重要的选择。当时他可以选择去美国当外交官，也可以选择去印度。去美国自然风光无限，但是消费水平高，他需要挣钱补贴家用，所以他选择去了发展中的印度。

虽然目的地不是太称心，但这个小伙子到任后很快以自己的才气引起了韩国驻印度总领事卢信永的注意。卢信永发现这个小伙子谈吐不俗、思路缜密、办事沉稳，很多棘手的问题到了他手里都会迎刃而解。

卢信永非常看好这个小伙子，并牢牢地把他记在自己的脑海里。当然，小伙子也意识到了一个问题：卢信永表面冷漠、内心热情，更可贵的是他有极其丰富的外交经验，并乐于向自己传授。

所以，这个小伙子更加谦虚地向卢信永取经，也更加卖力气地四处奔波，把领事馆的各项事务打理得井井有条。后来，卢信永担任了韩国国务总理，他首先想到的是十几年前在印度一起共事过的那个小伙子，立即把他推荐到了总理府工作，后来更破格提拔他担任了总理礼宾秘书、理事官。

小伙子的职务像坐了直升机一样，以至于他不得不为自己跑得太快而向自己的前辈、亲友和同事写信道歉："我晋升太快，很抱歉！"不过道歉归道歉，他依然继续高升，虽然也经历了一些坎坷，但他最后还是登上了联合国秘书长的讲台，他就是——潘基文。

卢信永是潘基文一生中的贵人，如果没有卢信永这个伯乐，潘基文这匹千里马或许就会被埋没。但是，在这个过程中，潘基文并非被动地等待被发现，而是靠自己的实力积极主动地去争取让贵人发现自己。

生活中，贵人有很多种：在生活上挂念你、关心你、照顾你的是你的贵人，如你的父母、妻子；在你刚刚踏上工作岗位时，给你指点迷津的是你的贵人，如你的亲戚朋友们；在事业上扶持你、帮助你、提携你的是你的贵人，如你的同事、上司；在人生旅途上引导你、鞭策你甚至为难你的，都有可能是你的贵人，如你的榜样、对手等。

贵人无处不在，离你并不远。

如何吸引别人主动帮助你

我的一个朋友，现在很成功，在文化界大小也算个名人。每次一起吃饭，他总会说起他那引以为豪的"北漂"经历。

刚来北京的时候，他举目无亲，一个人拎着箱子就来到了偌大的北京。早上6点多，出了北京火车站，自己找住的地方，面试，参加招聘会。

那年的中秋节，他回了老家，等再离开老家的时候，当汽车开动的那一刻，泪如雨下。因为几个星期的时间，他已经体会到了身处异地的艰难。

回到北京，他感觉自己就像汪洋大海中的一叶小舟一样，漂荡着，迷茫着，不过很快就得到一个在网上认识的朋友的帮助，他找到了第一份工作，虽然工资不高，但是足够先站稳脚跟的。工作地点在通州，是和媒体有一定关联的企业，认识的人范围有限。他的第二份工作也是别人帮助找的，虽然人家一直称是举手之劳，对他而言却是无法忘怀的转折点，使他开始真正走进了媒体。他开始认识很多人，网上的、现实生活中的各种各样的人，认识了来自五湖四海各行各业的不同的人。

在现在的社会，能获得别人的帮助真不是件容易的事情。

朋友有很多种，不是所有称为朋友的都能帮你，都应该帮你，同样自己也不是谁都会帮、都能帮的。

这位文化界的朋友，一定有他的个人魅力。

你想啊，如果一个人出身平凡家庭，没有背景，毕业于普通大学，别人觉得你没有前途，平时不来往，连一根烟的交情也没有，在资源、金钱乃至能力的积累上，你才刚刚上路。你很年轻，你渴望成功，那么，别人凭什么帮你呢？

心理学家黄光国将中国人的人际关系划分为工具性关系、混合性关系、情感性关系三类。典型的工具性关系是陌生人关系，在交往中遵循"公平法则"——"合则来，不合则去"；典型的混合性关系是熟人关系，在交往中遵循"人情法则"——"有恩报恩"；典型的情感性关系是家庭关系或者亲友关系，在交往中遵循"需求法则"——"各尽所能，各取所需"。

如果别人不欠你人情，而你也没有多少价值，那么"别人"不帮你才是正常的。

那么，怎样让别人帮你呢？

一般来说，人们愿意帮助这样的人：自己人，这个好理解；有礼貌、积极向上、乐观与有奋斗精神的人；能够"帮助"的人，也就是说你要办的事不会成为"别人"的负担；对于自己的帮助给予积极回应与正面反馈的人，比如，**人们理所当然地愿意帮助那些曾经帮助过自己的人**。

所以，在求人之前有必要弄清楚下面几个问题：

别人为什么帮你？你首先要问自己，别人凭什么帮你？你自身有什么优势？

别人完全可以不帮你，不帮你是正常的，帮你才是例外。别人之所以帮你，至少说明他喜欢你。他为什么喜欢你？因为你在他面前，能让他感到很舒服、很自在、很优越、很有成就、很有自信……

让别人能不计报酬地帮助你，的确需要一些能力。例如我认识一个朋友，也是网友，他来北京的时候身上只有 100 元，现在他经营着自己的饭店，遇到了很多坎坷，但是有很多人伸出了援助之手，有钱的出钱，有力的出力，饭店的经营也开始柳暗花明了。他具备了别人帮助他的能力，他自己也的的确确想干事，很真诚，很踏实，所以才能有今天的成绩。我也在能力范围内帮助过他，因为我觉得这不是施恩，而是我应该做的，更重要的是我也愿意这样做。

不要抱怨自己怀才不遇，没有谁是天生的成功者，一切成功都来源于自己的努力，包括你有没有能力让别人帮助你。

在你无助的时候，别想有人去安慰你，首先要想的是：人家凭什么这么做？

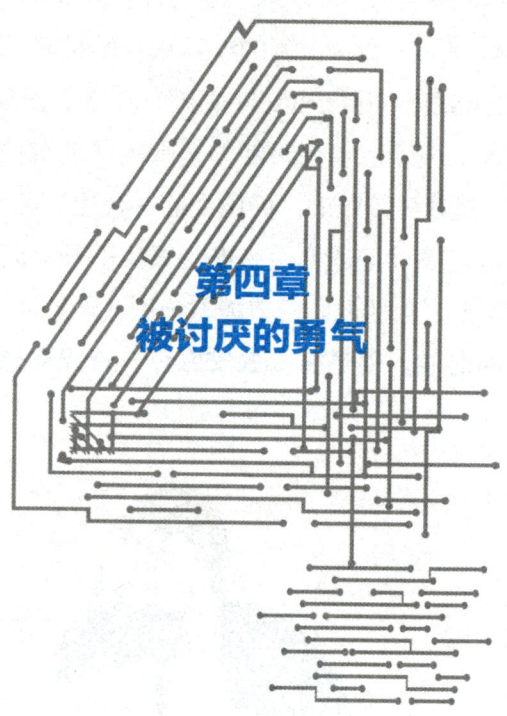

第四章
被讨厌的勇气

第四章
被讨厌的勇气

 还有什么好尴尬的

她走在路上的时候想照一下镜子，却发现自己没有带。那就随便找一个干净的车窗照一下呗，整理一下头发，涂个口红，卖个萌，完美！正准备离开，只见面前的车窗慢慢降了下来……她什么也不想说了，拔腿就跑！

她没洗头没化妆去超市偶遇了前男友，更尴尬的是前男友身边还有一个妆容精致、长发飘飘的现女友。然而这还没完，她宽松版的衬衫在拖鞋和三天没洗的头发映衬下变成了大妈的家居服。结果现任女友还和她撞衫了，同款衬衫在细高跟的烘托下异常性感。

她想和门卫大爷打招呼，脱口而出："你大爷好。"

跟朋友去西餐厅吃牛排，为了洋气一点，我优雅地举起右手，面带微笑地招呼服务员"Taxi"。

你经历过的最尴尬的事情是什么呢？

一个人，在公众场合多自信，取决于自己的行为能获得多少正反馈的预期。你在做一件或是准备做一件你预期可能会获得负反馈的事，而这同时与你平常维持的自尊形象不同的时候，你很尴尬。这种事通常是你不擅长的，会导致别人的嘲笑或内心的耻笑，而这种耻笑就是一种负反馈。

很多人不敢去做一些本来也许可以做成的事，就是因为害怕丢脸。可是真正丢脸的不是失败，而是不敢想象失败。其实很多事情都是从尴尬开始的，包括交朋友。

我刚上班的时候曾经非常喜欢一个女孩，可是几年时间里我只敢远远地看着她。我怕被拒绝。我担心如果向她表明心迹，她会用一种冷冷的眼光看着我说："你也配这么想？"就这样，我被自己的想象吓住了。后来我偶然得知，她以前一直对我很有好感。我错过了本来属于我的幸福……

从那以后，每当怯懦、退缩的念头冒出来时，我都会拿这件事来告诫自己，不要怕可能出现的任何尴尬。否则，我还是会一次次地错过机会。

我希望你记住一句话：**大胆地去生活，你没有那么多观众**。即使你犯了错，也不用一味地去放大这个错误。因为当你迈出那一步时，恭喜你，你已经战胜了自己。

不必争取 100%的人对你满意

没有人会让所有人都满意,实际上,如果有 50%的人对你感到满意,就很不错了。要知道,在你周围,至少有一半人会对你说的一半以上的话提出不同意见。

一个歌星,即使很有名,有很多人喜欢她,但是也不免有很多人对她不以为然,甚至有点讨厌她。

我们再看西方国家的首脑竞选:即使获胜者的选票占压倒多数,但也还有 40%的人投了反对票。没有人能得满票,甚至能达到 60%都是件非常困难的事情。

一个公司里有各色各样的人,开朗的、保守的、爱说爱笑的、沉默寡言的、思想激进的、思维传统的,你怎么做,才可能让所有人都喜欢你呢?

就像一个厨师做的菜一样,顾客来自四面八方,口味大相径庭,你怎么可能做出一个让所有人都爱吃的菜呢?

从前有一位画家,他想画出一幅人人见了都喜欢的画。经过几个月的辛苦工作,他把画好的作品拿到市场上去,在画旁放了一支笔,并附上一则说明:亲爱的朋友,如果你认为这幅画哪里有欠佳之笔,请赐教,并在画中做上标记。

晚上，画家取回画时，发现整个画面都涂满了标记，没有一笔一画不被指责的。画家心中十分不快，对这次尝试深感失望。

画家决定换一种方式再去试试，于是他又摹了一张同样的画拿到市场上展出。可是这一次，他要求每位观赏者将他们最欣赏的妙笔都标上记号。结果是，一切曾被指责的笔画，如今都换上了赞美的标记。

所以，假如生活中有50%的人可能对你提出反对意见，你千万不要惊慌，也不要认为自己做了什么不好的事情，要把这种情况当作正常状态。

明白了这个道理，如果再有人对你提出反对意见，你就不至于暴跳如雷了。如果有人对你的话提出异议，你也不会再因此而感到情绪消沉，不会再苛责别人或者为了赢得他人的赞许而即刻改变自己的观点了。相反，你会认为这很正常，因为这个人可能恰恰是反对你的人中的一员，这个人只代表他自己。

所以，你必须明白，你的每一个行为、每一个观点、每一句话或每一件事都可能遇到反对意见，认识到这一点，你就不会轻易改变自己的立场了。

不撕破脸，但可以拉下你的脸

很多时候，我们为了一时气盛，与别人发生点矛盾，就会言语过激，或者直接撕破脸了。

这是我之前很多时候都会做的事情，后来想想，其实也不是非要去撕破脸，只是当时心里不舒服，就会觉得，大不了不相处了。

最后才发现，这个世界，说大也大，可能转身就不再见了；但这个世界说小也很小，江湖路远，总会相见。

不撕破脸，但是可以拉下你的脸。

我上大学那会儿，一个老师有一次分房子的机会。但是后勤的人跟他说，你还年轻，再等一年，发扬下风格，先让一下老同志。老师想想也是，自己刚结婚，也没有孩子，住个单间宿舍也凑合，就同意了。

另一个老师，也有这次机会，积分都够。后勤的人也说了同样的话。他当场没翻脸，但是脸色也不好看。后来他见了几次后勤的人，都表现得不热情，甚至甩脸子。他甚至跑到分管校长那里，诉说自己的情况，说教学一线老师不受重视。结果，他顺利分到了房子。

关系个人生存的时候，要敢于斗争，敢于胜利。

得 道

为什么有时候大众畏威不畏德

"畏威不畏德"最早出自《国语》，意思是畏惧他人的威势，而不把仁德放在心上。社会矛盾很有趣，以待人处世而言，在大的方面要树立自己的形象，这样能更多地得到群体的仰慕，必要时能获得大众的支持。但对于小群体，就要树立威信，以不同形式树立自己的威严。

你有没有遇到过这种情况？你越百般忍让，摇尾巴妥协，他越变本加厉。你文质彬彬谈事情，对方百般刁难；你急了，厉害了，对方就妥协了。

你装修房子对方报价7万元，你看人家辛苦，还好吃好喝地伺候着，那个看似很厉害的邻居，5万元就拿下了。

有时候，你越有底气，越有人尊重你；你越客气、和气，他们越不把你当回事。

什么原因呢？其实问题多半出在你身上。那些敢于欺负你的人未必有什么坏心思，可能是因为：

（1）你做人没有原则和底线；

（2）你有原则，但是你没有能力、没有尽力去维护你的原则和底线。

别人之所以欺负你，是因为他们自认为已经把你摸透了，他们觉得你这个人好拿捏，所以才敢在你面前肆无忌惮、无所顾忌。

这就是为什么有的人出轨了，如果另一半轻易就原谅了，那么他多半还会出轨。

从心理学的角度讲，当涉及自身利益时，**人们冒犯一个自己爱戴的人比冒犯一个自己畏惧的人顾忌更少**。

为了维系社会结构的相对稳定，人类社会构建了道德这一关系维系纽带，倘若维系这一纽带的成本过高，或者维系者本身的道德水平不高，甚或维护道德纽带的意愿不强，都会背离这个没有物理约束的思想枷锁。

因此，在绝大多数时候，只要对自己有利，人们便把这条纽带切断，忘却恩德了。

但是恐惧则不一样，人们由于害怕受到惩罚，或者付出高昂的代价，不会去破坏规则，除非不破坏规则的收益或者损失比破坏规则更大，否则绝不会贸然破坏规则，这就是"威"的力量。

第五章
跳出对错思维

找不到答案的事情就不要再想

对于可以改变的事情，我们要努力地去改变、去完善。大多数情况都是机遇与风险并存，失败与成功同在。在竞争中，赢是暂时的，今天赢了并不等于明天还会赢；唯有锲而不舍，敢于打拼，不断进取，才能永立不败之地。输也不是不能改变的，只要认真吸取教训，不"怨叹"，不"胆寒"，振作起来，再努力去打拼，输是会转化为赢的。

在众多的人生选择面前，当你无能为力的时候就不要去浪费时间，而要将更多的精力放在你可以改变的事情上。在一件事情抉择前要"重重"地思考，抉择后要"轻轻"地放下，遇到危机时要用冷静的态度去寻找机会，并做好最坏的打算。

在这个世界上，一切都靠命运（宿命论）和一切都靠自己（人定胜天说）都是不合适的。每一个人都有选择，都有机会。但是，先天和环境的因素造成了每个人的机会多少不同。所以，这个世界不是完全公平的。

比如你去演讲，受到听众的欢迎，这是事实；假如受到听众的反感，也是事实。不论结果是哪种，你都要准备好接受。这样你就获得了一种平静，你既不会故意讨好听众，也不会回避听众。而事实上，你就不要想这些问题，而是要把你的注意力集中在当下。

当你碰到不可改变的事情时，要鼓励自己勇敢地接受它，不要

| 得　道

把时间浪费在悔恨、羡慕和忌妒上，**而应积极主动地抓住人生中可以选择、可以改变的部分，不断努力**。在遇到挫折的时候，要知道，不是每一件事情都必须由自己来选择，也不是每一件事情都可以由自己来主导。在选择积极态度的同时，必须保持平和的心态。

第五章 跳出对错思维

 谁的损失大,就是谁的错

有一位顾客,因不满理发师做的发型,与理发师理论了几句,被理发师砍了一刀,当场丧命。

理发丑了,搁谁身上,心里都不舒服。责任虽说在理发师,但也没必要激化矛盾。

头发最终还会长起来的,脑壳掉了,就再也长不出来了。

生活中,这种明明占理却最终受害的事儿并不少。实际上,不是看谁占理谁就是对的,而是看谁能避免情绪失控、防止事态恶化、防范悲剧发生,谁才是对的。

生活中,经常听到有人说:"谁如何如何对,谁如何如何错。"这个对错的标准又是什么呢?**其实世界上本没有什么对与错,只是成年人已经建立起自己的一套是非观念而已。**如果说非要分出个对错,那么心理学中有一个理论可以借鉴,那就是:"判断一件事是谁的错"的标准,是"谁的损失大,就是谁的错"。

什么意思?

一个人瞟了你一下,对方不道歉,于是你们吵了起来。结果你上班迟到了。

谁的错?我的错。

啊？明明是他踩了我，为什么是我的错呢？

难道我不应该要求他道歉吗？

我可以要求他道歉。但是，道歉有什么用？

而且，他道歉后，我的脚就不疼了吗？

他要无赖和我吵起来，不需要花我的时间吗？我的时间没地方花了吗？

我不光被踩了一脚，还耗费了时间，同时还把自己的心情搞糟糕了。

怎么办？

以后小心就是了。然后，心平气和地该干吗干吗。

因为，我的时间很值钱，我有更多的事情要做。

这就是"谁的损失大，就是谁的错"。

你和伴侣离婚了，对方把你伤得很深，还把钱财卷走了，谁的错？

这次职务晋升，经理考虑的是能力远不如你的小王，你、经理和小王，谁的错？

想想，你好好想想。了解人性就像站在巨人的肩膀上看待这个世界。

在工作中，你可能会遇到与同事意见不合的情况。这时，你们可能会争论不休，试图证明自己的观点是正确的。然而，在这个过程中，你们可能会浪费大量的时间和精力，导致工作效率降低。在这种情况下，即使你最终证明了自己的观点是正确的，但由于你损失了更多的时间，所以你的损失仍然比对方大。因此，从"谁的损失大，就是谁的错"的角度来看，你应该避免无谓的争论，以减少不必要的损失。

假设你和朋友约好一起去看电影,但朋友迟到了半个小时。这时,你可能会觉得朋友不对,因为他没有遵守约定。然而,如果你选择继续等待,那么你可能会错过电影的精彩部分,甚至可能错过整部电影。在这种情况下,你的损失显然比朋友更大。因此,可能是你哪个地方做错了。

一个人走在人行横道上,一辆卡车呼啸而来,所有人都大声呼喊让他走开。他淡定地说:"他不能撞我,他撞我是违反交规的,他全责,我就不让。"最后这个行人被撞死了。这是谁的错?

这个行人要认识到:"这是我的错,我应该让开,因为死的是我。"判断损失发生后应该怪谁,就看谁因此遭受的损失大。如果自己损失大,那就从自己身上找原因,改变别人很难,还是自己相对可控。

 ## 课题分离

阿德勒心理学中有一个核心理论，叫作"课题分离"。

阿德勒认为，人际关系的一切矛盾，都起因于对别人的课题妄加干涉，或者自己的课题被别人妄加干涉。只要能够进行课题分离，人际关系就会发生巨大改变。

比如别人对你提出要求，你的课题是判断要不要接受他的要求，只需要就事论事做出你想做的回应就好。至于他怎么来处理你的回应，他会不会感到失望，会不会认为你太不近人情，那是他的课题。

比如你是一个家族企业老板的儿子，是父母指定的继承人，你却选了图书管理员的工作，对家族企业的继承丝毫不感兴趣，你的父母为此大发雷霆，甚至要挟你，如果你不回来，就永远不要回来了，他们会与你断绝亲子关系。

作为儿子，你该如何克服这种"不认可"的感情呢？从"课题分离"的视角来看，要不要发脾气？要不要断绝关系？这根本不是你的课题，而是父母的课题。而你根本不需要在意。

《自我发展心理学》里提到，有个父亲听到"课题分离"的讲座，就非常不解地问："如果说爸爸的事是爸爸的事，儿子的事是儿子的事，那是不是说我儿子有困难，我就不用去帮他了？这是不是太自私了？"

第五章
跳出对错思维

作者说:"如果你帮助儿子仅仅是出于做爸爸的义务,是被迫的,你可以不去帮他,因为这毕竟是他自己的事。"然后又接着说,"很多时候,就算没有爸爸这个身份,没有这个义务,我们仍然愿意去帮助儿子。"

一件事来了,怎么来分辨这是谁的课题呢?阿德勒认为,只需要考虑一下"某种选择带来的结果最终要由谁来承担"就可以了,谁来承担这个结果,那就是谁的课题,谁就有这件事的选择权和决定权。

你不愿意相信的，往往就是事情的真相

一位哲学家在课堂上拿出一个苹果，问自己的学生："这个苹果是我刚刚从果园里摘的，大家闻闻有没有香味？"哲学家拿着苹果走到第一位学生的面前，这位学生毫不犹豫地说："闻到了。"然后，哲学家又依次走到每一位同学的面前，让他们去闻苹果的味道，最后，绝大多数同学会回答说闻到了苹果的香味，只有三位同学在犹豫。他们可能在想："老师都说是从果园里摘来的苹果，而且大家都闻到了苹果的香味，那么就一定不会错的，说不定是自己鼻子不灵了，没闻到而已。"

之后，哲学家告诉学生："其实，这个苹果什么味道也没有，因为它根本就是一个假苹果。"大家纷纷表示不相信，这怎么可能呢？哲学家把苹果拿给学生，让他们仔细看一看，学生这才发现原来这个苹果确实是假的，它竟然是用蜡做成的。可是，学生们依然不肯相信，自己刚才明明闻到了味道。

哲学家在开始时说这是一个他刚从果园摘的苹果，而且第一位同学又说闻到了苹果的香味，所以，大家在潜意识中就已经认定这个"苹果"是有香味的。尽管后来哲学家告诉学生这个苹果是假的，并且学生还进行了验证，可他们依然难以相信被验证了的事实。

我们会因为蘑菇长得美丽而去采摘它，尽管有人说它带着剧毒，可我们依然不肯相信，最后可能会真的会吃到有毒的蘑菇；有人说林肯家里的农场有一个看上去非常巨大的石头，于是大家便口口相传，真的认为是这样的，就算有人突然冒出来说他自己亲自测量过石头只有一尺深，也不会有人愿意相信。在现实生活中，有许多这样的事例，人们只愿意去相信自己所认为的，就算发现事实并非如此，也不愿意去相信真相。

如果有人突然跑到你面前告诉你土豆曾经是禁果，你一定会说："这怎么可能呢？"土豆在我们生活中是一种特别常见的蔬菜，它物美价廉，人们自然不会相信它是禁果，可事实上，有一段时间人们确认它会危害健康，一直不敢食用。

世界上有许多东西远远超出了我们的想象，我们只有放弃头脑中固有的偏见，才会获得非凡的见识与公正的判断。因此，永远保持好奇心与包容的胸襟，就能不断增加智慧。

第六章
目标、勇气与自我实现

第六章 目标、勇气与自我实现

 人生盲盒论

日本近年出现了不少网络潮语，其中"父母扭蛋"在社交平台上引起了很大的反响，日本年轻人纷纷使用这个潮语表达对父母和现实的不满与无奈。

"扭蛋"就像我们平时说的盲盒一样，商家事先就把小玩具放入球形半透明塑料壳中，消费者投币后，从机器中随机获得属于自己的扭蛋。具体抽到什么，全凭运气，这个过程充满了赌和运气的成分，抽的好是幸运，抽的不好是倒霉。

其实就是指人出生在什么家庭、拥有怎样的父母都是不能自己选择的，就如扭蛋一样全凭运气。

这在现实中很常见。大学的时候，有的同学刚毕业就被父母安排进了好的单位，别人的起点就是我们的终点。

现实往往就是这么残酷，读几十年书不如有个好的背景。哪怕你是名校毕业，毕业后可能也会发现，和同学的差距非常之大。当你发现你的终点可能是别人的起点的时候，该怎么办？

这里我要说的是，"父母扭蛋论"是站不住脚的。没有背景怕什么，没有靠山怕什么，自己的命运自己掌握。

别人几代人的努力，你凭什么一代就想赶上呢？ 所以，你要努力往上走，至少给自己的后代搭一个平台。

得 道

这几年突然爆火的抖音和快手等直播平台，成就了一个又一个"草根"。俊杰和江涛都来自贫困的家庭，而且是一个班的。两人毕业后相约来到杭州找工作。现在的市场情况，好工作不好找，所以俊杰跑遍了人才市场，面试了不下20家公司，但还是没有大公司愿意向他这个实习生抛出橄榄枝。再看江涛，他走了好几个人才市场依然收获寥寥。这天晚上回家，偶然打开抖音，心血来潮拍了个吐槽工作不好找的视频，没想到一下评论过万，大家纷纷在他的视频下议论起来。

江涛一看，这着实有趣，于是接下来的几天里，一边找工作，一边拍视频吐槽，一来二去，不出半月工夫竟然就有了十几万粉丝。工作还没找到，广告商先找来了，一个广告给江涛提成3万元。我的天！江涛自己都吓了一跳。

接下来的日子，江涛仿佛打开了新天地，他及时调整定位，以一个小城镇青年努力想留在大城市，并向"粉丝"们介绍在大城市的"生存法则"为初衷，迅速成为网络红人。不到一年的时间，他就有了自己的工作团队，摇身一变成了创一代，买了车，置了房，还把爸妈接到了身边。

再看俊杰呢，稀稀拉拉干了辞、辞了找，混不出名堂，不到一年就回老家了。

生活永远偏向有准备、有行动的人。

 **大胆说出你想要的**

你想,你就能,关键是你有多想,会不会为了这个目标破釜沉舟。没有什么能阻挡一个愿意赌上一切的人。

人的大脑工作的特点是你输入什么样的信息就会产生什么样的结果。这有点像电脑工作的原理,你把画图程序输入电脑,电脑就能画出各种美丽的图画。人是万物之灵,你可以想象出各种美好的东西,你想买一幢漂亮的房子给父母住,想给儿女买很多玩具和漂亮的衣服,你想带着老婆孩子坐飞机去巴黎旅游,你想把你的生意做到全市、全省、全国,你想做到行业前十、前三。哪怕你现在还没有实现这些美好的事情,但你先想了,然后设立计划去做,终有一天会实现。

安逸庸碌的生活,常常会杀死我们内心的梦想,甚至我们毫不知情,无从察觉。失去了人生旅途中最重要的行李却不自知,你想想这该有多可怕。

现在我们需要一个观念革新:**别让自己瞎忙**。这是因为如果我们习惯于忙碌,就可能忘记了一件最重要的事——工作价值判断,许多人投入大量时间、精力的,可能是"垃圾工作"。

你必须让自己得到些什么,大胆地得到。不要在意"他们"怎么说,因为"他们"不是你。

亨利·福特还是个没受过教育的穷小子时,他就梦想着有一辆"不用马拉的车"。他没有等待机会垂青于他,而是利用手头的工具开始制作。现在,他梦想的产物遍布了全球。他比任何人都更想要自己应该得到的东西,他不害怕为自己的梦想下赌注。

詹姆斯·爱伦说:"最伟大的成就最初并且一度只是梦想。橡树沉睡在果壳里;小鸟在蛋中等待;在灵魂最深的梦境中,一个天使正在苏醒。梦想是现实的种子。"

马斯洛说:"人是一种有梦想的动物。"梦想,我们可以理解为最高级的精神需求,即自我实现。一个没有梦想的人,一生都在流浪。醒来,起身,向世界宣告,你是一个梦想家,你的运势不会错。

这个世界充满了机会,从前的梦想家不曾拥有的机会。

第六章
目标、勇气与自我实现

 **大不了从头再来**

凡事去做，不一定成功，但不去做，则一定不会成功。想到就做到，如果不做连难度都不知道。

许多人一生平庸，是因为他们一定要等到每一个环节都万无一失之后才去做。当然，我们必须追求完美，但是这世上没有一件绝对完美或接近完美的事情。若非得等到所有的条件都具备了才去做，那只能永远等下去了。

强子是一位人们称为"试试看"的工人出身的副厂长。这位副厂长只是一个初中生，当初他在焊工岗位工作，但他不满足于现状，每天闲暇时总抱着厚厚的一本《焊接工艺》深钻细研。有人对他说："你肚子里就那么点墨水，哪能看得懂啊？"他笑笑说："试试看。"结婚后，工作、家务事情很多，但他仍然报了经济管理班。有人说："你那么忙，能坚持下来吗？"他笑笑说："试试看。"后来他取得了在职研究生毕业证……就这样，他凭自己的努力，从一个普通工人一步步走上了厂领导岗位。

大不了从头再来，多大点事呢？

057

得 道

上小学的时候,曾经以为忘了带作业本是天大的事情;初中的时候,以为在学校和同学打架了被叫家长是天大的事;高中的时候,觉得考不上大学是天大的事;恋爱的时候,觉得跟喜欢的人分开是天大的事。现在回头看看,那些难以跨过的山,其实都在不知不觉中跨过了。

弱者往往是胆小谨慎的,这就像一个怪圈,越弱越怕,越怕越弱,直到最后被逼无奈,他才敢迈出一步,尝试去过新的生活。而这时,很多机会已经被先行的人占去了。

当你感觉有机会的时候,不妨去"试一试",也许,这一试,就试出了你一生的精彩。

悲观的人都说对了,乐观的人都成功了。你对积极心态的坚持总有一天会让别人望尘莫及。

现在是行动的时候了。

中篇　觉醒与升维

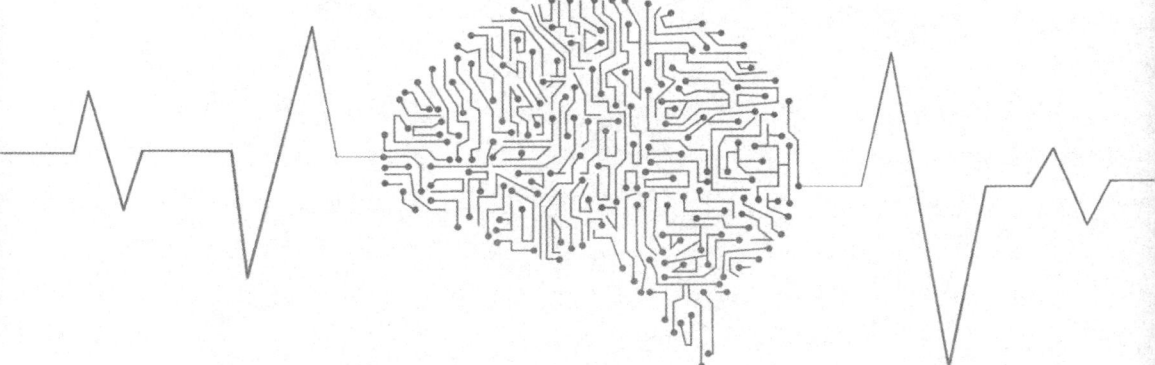

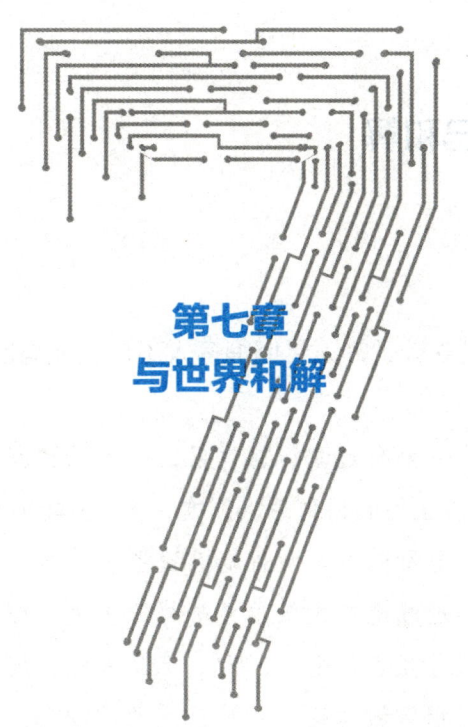

第七章
与世界和解

先与自己和解

我们都不喜欢较劲的人，但很多人不自觉地与自己较劲。

张爱玲一生有过爱、有过恨，晚年孤独寂寞，身边没有一个亲人，她甚至不和任何熟人朋友往来，一口气关了几十年的门，闭门索居，与世隔绝。她肯定有说不出的苦楚，有无法超越的困境。只不过她没有像伍尔芙那样说出来，而是把那些事密封在心中，随着死亡带走了，世人无从知晓。她的晚年几乎没有写作，我们相信她同样有一个巨大的"结"，而她到死也没有说出来，真令人心痛！

她到死都没有和这个世界和解，也没有和自己和解。

在生活的海滩上，人人都会遇到各种各样的贝壳。假如你一心一意，只想着要寻找"最完美"的贝壳，等到夕阳西下，你终会发现自己一无所获。其实即便不是最美、最珍贵的点点滴滴，也会让我们的内心充满温馨和愉悦。

要获得幸福，就要与生活和解，说到底就是与自己和解。然而，这对某些人来说并非易事。那是**放弃什么之后，依然有生的勇气，有快乐的勇气。**

第七章
与世界和解

 为什么有的人看起来很年轻

广东的王女士原来是个非常"忙碌"的人,他有时候忙得都忘了自己。直到一次偶然的聚会,她才彻底地改变了她的生活。

有一回她到深圳出差,大学时的密友请她喝茶。当时在场的一位张姓女士引起了她的注意。王女士刚见到张女士的时候感觉这人年龄不大,王女士至少感觉她比自己小。同学介绍后,王女士才知道原来张女士还比她大8岁呢。

王女士后来说:"人说40岁的女人都可以活得很青春的,何况自己离这个坎还有段距离,应该不至于让人说老了吧。但是今天在她的提点之下,我才发现,我原来光泽的皮肤已黯然无光,没有了原来的弹性,眼角可见细纹,眉毛不再高挑精神,眼底还可见到血丝。

"再看看比我大8岁的张女士,皮肤细腻有光泽,略施淡粉,眼角顾盼有神,一头秀发是新潮的数码烫,一袭青绿色连衣裙套着娇小紧致的身躯,怎么看都清新可人。"

对比之下,王女士心里有一种说不出来的酸楚。前些年,看到周围的人都发财了,她也坐不住了。她老公在事业单位上班,工资不高。为了过上富有的生活,她毅然走上经商之道,在商海里苦苦挣扎，为了挣钱曾有在一个半月里瘦掉15斤的纪录，经常一天都没吃一顿正经饭；为了赶时间，有时候只用清水抹一把脸，什么也不涂，让皮肤暴晒在烈日底下；累了一天回来后就上床睡觉，熬夜更是家常便饭。

王女士说："我总在为家事、为生意、为生活，甚而为别人操劳，不是这事就是那事，心就没有静下来过……细细算下来，我已经对自己犯下了这么多的'罪'。"

张女士也有自己的工作，但她可不这么拼命，她和老公的关系也很好，为人也很大方、随和。平时练练瑜伽、跑跑步，有时间就去游泳、健身，日子过得很舒心。

要想生活得好、心情好、皮肤好，就要保持一个好心态。我们要学会在枯燥的学业中、紧张的工作中、繁杂的生活中静心，让自己的心歇一歇、养一养。

第七章
与世界和解

 看戏的心态

"二战"之后,一位名为罗伯特·摩尔的美国士兵在他的回忆录里这样写道:

1945年3月的一天,我和战友们在太平洋下的潜水艇里执行任务。忽然,我们从雷达上发现一支日军舰队正朝我们开来。几分钟后,6枚深水炸弹在我们潜水艇的四周炸开,我们的潜水艇被赶到了海底280英尺的地方。尽管如此,疯狂的日军仍不肯罢休,他们不停地投下深水炸弹,就这样一直持续了15个小时。在这个过程中,有十几枚炸弹就爆炸在离我们十几英尺的地方。如果再近一点的话,我们的潜水艇就会被击沉,而我们也将永远葬身太平洋。

当时,我和所有的战友一样,静躺在自己的床上。我甚至吓得不知如何呼吸了,脑子里仿佛有一个声音在对我说:这下死定了,这下死定了!因为我们关闭了制冷系统,潜水艇内的温度达到了40℃以上,我却害怕得全身发冷,一阵阵冒虚汗。15个小时后,攻击停止了,那艘日本布雷舰在用光所有炸弹后离开了。

我感觉这15个小时仿佛有15年那么长。过去的生活一一

在我眼前闪现，过去那些曾让我烦恼透顶的无聊小事更是清晰地在我的脑海里回荡。父亲把那个很不错的闹钟给了哥哥却没给我，为此我几天都没有和他说话；结婚后，因为没钱买汽车，也没钱给妻子买好的衣服，我们经常会为了一点小事吵架。

可是，这些令人发愁的事，在深水炸弹威胁我的生命时，都显得那么荒谬、渺小。当时我就对自己发誓，如果我还有机会重见天日，我将永远不会再计较这些小事了！

在生命快到尽头，或是受到威胁的时候，才知道因为一点小事就吵架，是多么无聊。

人生不过短短的几十年，我们要把自己的眼光放得远一些，要把心事放得轻一些。

好多事情不去较真，就会让人得寸进尺、蹬鼻子上脸。

但是，别和坏人较真，因为你"坏"不过他；别和人渣较真，因为你"渣"不过他；别和无赖去较真，因为你"赖"不过他；别和小人去较真，因为你"阴"不过他；别和杠精去较真，因为你"杠"不过他；别和疯狗去较真，因为你"咬"不过他；别和人性去较真，因为你也赢不了它！

发上等愿，结中等缘，享下等福。择高处立，就平处坐，向宽处行。

第七章 与世界和解

 承认自己心底的世俗

有位商人因为不谨慎，由原来当地小有名气的企业家变为一个普通老百姓。有一天，报纸写了一段她的近况，说她经营不慎，由富婆变"负婆"。从此以后，就"门前冷落车马稀"了，以前过个生日，送礼之人不绝于途，现在过生日，只能自己一家人在一起吹蜡烛，贺客一个也没有，平日来看她找她的，更是了如指掌了。她自己也真正体会到了"人情冷暖"，不胜唏嘘。

事实上，与这位商人类似的遭遇在社会上多的是。不要说对"失势"的人如此，对与自己再无利益牵连的人也是如此。有一位朋友被外调，外调的这个单位也不坏，但因为和原来的单位没关系，所以他走的时候，竟然没有人送行，和他在原单位时同事、部属的巴结逢迎大不相同。至于有钱时日日高朋满座，无钱时日日门可罗雀，那更是司空见惯了。

"人情反复，世路崎岖。"你穷了，你失势了，纵然尚有朋友之情，但热度也减少了几分，因此这就让人感到始终如一的感情的可贵，在你失势的时候，方可以看出谁才是真正的朋友。

真正的友谊是可贵的，很难得。

由绚烂归于平淡，要适应那种滋味固然不易，但若太在乎人情的转变也于事无补，重要的是寻求东山再起的机会，而且你也将发现，一旦你东山再起，当初远离你的人又会一个一个靠拢了来。

　　没什么大不了的，承认现实的人更真实。

　　不少人觉得，现在是经济社会，只要有钱，什么事都能摆平。其实，真正到了事情上，就怕"烧香都找不到庙门"，即使再认钱的亲戚也会注意避嫌的，况且势利的人最忌讳的也是势利。

　　我们骂了半天，细想想，难道我们自己一点也不势利吗？

　　生活中，如果有人说你俗，比骂你还难听，是不是？但是，我们的的确确生活在这个有点"俗气"的世界，我们每个人的内心都有点俗。

　　人都要经过很多的人情淬炼，这个世界永远如一杆秤，你重了，秤砣就轻；你轻了，秤砣就重。所以人难免会被人看得起、看不起，这是正常的世道人情，问题是你能经得起人情冷暖吗？其实，尽管世间人情冷暖令人伤感，只要自己健全，自然受人尊重；自己条件不够，受人冷眼，也要能经得起。

 **永远不要自责**

自爱这件事情,虽然我们都知道,但是做起来真的很难。

园园大学时期是一个非常开朗的女孩子,但是当了全职妈妈后,她感觉自己每天都活在自责中。她觉得自己当不好妈妈,这也不会,那也不会,有时候还控制不住吼孩子,吼完肠子都悔青了。现在女儿越来越大,她每天的自责却不曾消退……

直到有一天,她看到一个"00后"的孩子在微博中写道:"我打算和我自己和解,我打算承认我的不完美,承认我的失败,承认我的懦弱,承认我的懒惰,承认我的脆弱,承认我的自私,承认我不漂亮,我也开始允许自己不那么受人欢迎,我也开始允许别人不那么喜欢我。

"我希望我能够做自己的一个良师益友,然后去体谅她,去关心她,而不是一味苛刻她、指责她,她真的很累很累很累。"

园园瞬间清醒过来了。"我也希望自己和自己和解,像鼓励别人那样去鼓励我自己。"

请别对自己的过去过于苛责,因为那时的你只是在按照自己的方式去生活。

得 道

　　每一个人都是生命中该出现的角色，每一次相遇都有其独特的意义。

　　即使是短暂的交汇，也可能会在你的人生中刻下深深的印痕。

　　随时要自省，永远不要自责。不要把所有的愧疚都揽在自己身上，人不可能每一步都正确，**不用回头看，也不要批判那时的自己。**

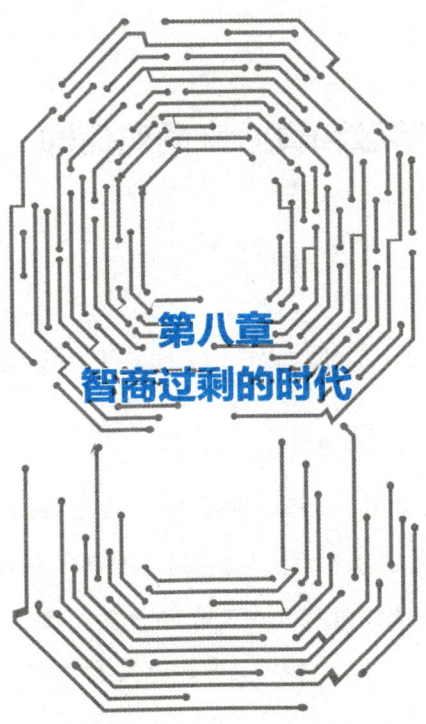

第八章
智商过剩的时代

得　道

 用最大的恭敬和真心来面对信仰

我们的祖先讲究温、良、恭、俭、让。其中的"恭",就是恭敬心,对人对物的恭敬。

　　一个业务代表与客户预约晚上10:00通电话,她与老公8:00就上床睡觉了,9:45闹钟响了。她起床,脱掉睡衣,穿上职业装,梳妆打扮一番,精神抖擞,10:00准时与客户通了电话。电话打了5分钟。接着她又脱掉职业装,穿上睡衣,上床睡觉。这时老公开始问了:"老婆,你刚才在干什么呀?""给客户打电话。""你打电话只有5分钟,却准备了15分钟,何况可以在床上打。你是不是疯了?""老公,你不知道啊!背对客户也要100％尊重客户,我躺着给客户打电话,虽然客户看不见我,可是我看得见我自己!"

为什么要这样做,因为她是在用一颗恭敬的心面对客户,尽管客户在电话里看不见她。

我们对待自己的信仰,也要保持一颗恭敬的真心。

可是,为什么我们有时候会不恭敬呢?因为我们心里有傲慢,自己心里骄傲自大,自然会对什么都难以有恭敬心。

第八章
智商过剩的时代

有恭敬心,还要发自内心。比如说念经,只要你对佛的心是恭敬的,那你坐着念也行,躺着念也行,怎么都行;如果你的心不恭敬,坐着念也不行,躺着念也不行,怎么都不行。很多人都说"睡觉的时候不能念",佛说过这样的话吗?没有!你内心里没有恭敬,即使在行为上、表面上恭敬也没有用,都是假的。

人要有一颗恭敬心,不仅对自己的信仰,对长者、对领导、对世界万物都要恭敬。**没有恭敬心,说话、发誓都有可能成为谎言。**

 受助者恶意

什么是受助者恶意？

就是我们在帮助一个人的时候，他会对我们产生感激之情，但伴随"感激"而来的还有一种相反的情感，极其隐秘又极其凶险，那就是"仇恨"。从心理学上讲，有些被帮助者会在受助中看见自己的无能、弱小和卑微，并认为帮助他的人是在施舍他，会轻视他。渴望平等、追求卓越，是人天然的本能，所以**受助者就会一边接受帮助，一边心怀仇恨**。也有一些受助者在习惯受助之后，会将他人的帮助视为一种义务，而施助者一旦停止施助，就会引来不满，甚至恨意。

王少阳本是一个穷困潦倒的赌徒，负债累累，救下了在交通事故中受伤的佳佳。佳佳出身名门，家境富裕，又十分善良心软，两人在一起后，佳佳帮王少阳还清了所有的债务。但王少阳不戒赌，还欠下了更高的赌债，他终于在发现佳佳准备提出离婚之际，产生了杀妻夺财的念头。在真相大白之际，还喊出一句"都是佳佳逼我的"，不禁让人感叹善良只换来了恨意。

日本作家东野圭吾曾在小说《恶意》中如此诠释这种现象：

"我就是恨你，明明你是那么的善良，明明你一直在帮我实现理想，可我就是要恨你，我恨你如今有了光明的前途，我恨你抢先实现了我的理想，我把我对自己的恨一并给到你，全都用来恨你，而这就是受助者恶意。"

当需要帮助他人时，为避免"受助者恶意"，我们有必要遵循以下原则。

（1）不要因为内心的优越感去帮助人。

（2）等对方求助的时候再施以援手，不要强行去帮助别人。

（3）与受助者保持一定距离。

（4）不要毫无底线地去助人，"救急不救贫"。

（5）远离人格不健全的人。我们要在生活中识别这类人，尽量远离，避免陷入危险的关系中，千万不要抱有拯救对方的想法。

 ## 偏　见

如果你觉得人类是理性的动物，如果你认为自己可以搜集足够的信息并做出客观的决定，如果你自信能够不受他人影响做出自己的选择，那么你该醒醒了，有一个概念将会颠覆你的三观：认知偏见。

"偏见"这个词，可以衍生出不少大家熟悉的词汇：鄙视链、地域黑、性别歧视……这些词汇我们已司空见惯，但很少有人认真思考它们背后的意义和问题。

伽达默尔说："偏见是人的历史存在状态，它与历史水乳交融，形成了一切理解的基本前提或视野。**每个人都占据着一个他人无法取代或完全重合的理解视野。**"除了圣人，我想问，有谁能够没有偏见？

伽达默尔将偏见分成两大类：一类是"合理的偏见"，另一类是"盲目的偏见"。合理的偏见是每个人都不可避免的，它是由历史传统造成的，我们每个人都生活在传统中，传统是无法超越的东西，而接受了传统也就意味着看问题有了自身的视角，意味着看问题有了偏见，因此合理的偏见是无法避免也不应该避免的。而盲目的偏见则是由于主观认识上的错误，如盲目崇拜权威、轻率下结论等原因造成的，这种偏见是应当克服而且是可以克服的。

第八章
智商过剩的时代

人类的思想跟人类的卵子很相像。卵子有一个"关闭"机制。当一个精子进入后,它就"关门"了,其余的精子就进不来了。人类的思想普遍有这类特征。这是偏见产生的根源之一,也是咱们平常说某个人很"犟"的原因之一。

所以,没有人可以完全做到时时刻刻都客观公正,即使法官也不能,同一个案件,一审和二审的结果可能会有不同。

不要想自己没有偏见,更别指望别人没有偏见。

得 道

 别人尊重你，是他认为他比你优秀

我在职场上的这几年，遇到过不少人，也参加过不少饭局，合作过很多客户。我发现一个很普遍的现象：那些职位越高的人，越优秀的人，往往情商也越高，**越懂得尊重人，相处起来越让人舒服**。

冯仑在《伟大是熬出来的》一书里讲到了他和李嘉诚一次吃饭的经历。

有一年，冯仑和一起就读于长江商学院 CEO 班的马云、郭广昌、牛根生等人组团去香港拜访李嘉诚。

在这些大咖的眼里，李嘉诚是超级大咖，所以他们也有些忐忑，穿戴得整整齐齐，准备像被领导接见一样被大咖接见，被大咖训话，结果却让冯仑他们大跌眼镜。

见面那天，电梯刚一开，七十多岁的李嘉诚站着和他们握手，主动给每个人发名片，要知道大人物一般不会给你发名片，只有小人物给大人物递名片的份儿。

发名片时他还递来一个盘子，是放号码抓阄用的，你抓的号码决定你吃饭坐哪桌，这样就避免了人为安排谁坐主桌，谁坐副桌。

冯仑运气不错，和李嘉诚挨得挺近，他心想吃饭时可以多聊一会儿，所以开始没急着说话，没想到吃了十几分钟，李嘉诚就站起来说抱歉，要到那边坐一下。

这时候，他们才发现，四张桌子，每张桌子上都多放了一副碗筷，一个小时的吃饭时间，李嘉诚四张桌子轮流坐，几乎都是15分钟。

吃完饭，李嘉诚逐一和大家握手，在场的每个人都握到，包括墙角站着的一位服务员。

冯仑说，整个过程，李嘉诚让我们每个人都很舒服。

"人敬我一尺，我敬人一丈。"尊重对方才能赢得对方尊重，只有尊重才能换来尊重。朋友应该得到尊重，同事应该得到尊重，甚至对手也应该得到尊重。不仅仅是对手取得的成绩，也是因为对手让你时刻保持警惕，对手让你不至于在暂时成功的地毯上睡着。

不管在工作中还是生活中，我们都应该具备这样的一种成熟，**你哪怕混得再好、资格再老，也要学会尊重人。**

第九章
别在该动脑子的时候动感情

第九章
别在该动脑子的时候动感情

 ## 爱、恨、嗔、怨、痴的根源

融融深爱一个男人,恋爱两年半,两人已经开始谈婚论嫁。融融从来没有想过要分手,可就在情人节那天,他们转眼间就成了仇人,这是怎样的一种心情?

融融深爱的男人姓史,在市民政局工作。工作还算不错吧,月收入林林总总的加起来约有6500元,在融融所在的小城,这个收入水平还算可以的。可他每个月只有600元的个人支配权,其余的都要上交给父母。他把钱花完了就本着一种理所当然的心态去向融融要钱。

情人节那天,他要融融给他买双耐克鞋,融融没有答应,他转头就走,把融融一个人丢在那儿,不管融融的心情如何。回去后,他还往融融家打电话咒骂融融的全家。

融融的心彻底绝望了,哀莫大于心死。

人为什么会有爱,为什么会有恨、嗔、怨、痴?因为你太在乎。在乎代表了爱,**但你太在乎一个人就是给了他伤害你的权利**。于是,恨、嗔、怨、痴也就产生了。

比如,女人是感性的,一碰到自己的所爱,往往会投入全部的感情，甚至不惜牺牲一切。男人在她心目中占据了最重要的位置，为此女人可能为他牺牲父母、兄弟、姊妹、朋友的感情。为了爱，女人变得疯狂起来，她可以置所有的亲情、友情于不顾，如被魔杖点中，完完全全不能动。

无原则地容忍他，慢慢地他习惯于这种纵容，无视你为他的付出，会觉得你很烦、太没个性，甚至开始轻视、怠慢你，他觉得你的爱太腻了，开始不尊重你……

飞蛾扑火般的爱情，正在进行时固然让人觉得壮美，但若他已成为过去时，你如何收拾那一地的狼藉？投入那么多，你能否面对那惨重的损失、破碎的心？

于是，恨、嗔、怨、痴也随之而来。

爱得越深，说明越在乎，但是越在乎，就越割舍不下，就越容易生痴、生恋，当自己终于抓不住时，恨、嗔、怨得也就越深。

完全相信感情的人，都输了。

当初的爱是真的，今天的不爱也是真的。如果你有恨或嗔或怨，先不要评判谁是谁非，而要先检查自己是不是太在乎了。

第九章
别在该动脑子的时候动感情

 你不忍心拒绝别人,别人忍心拒绝你

常常听人说:平生最怕的事情就是拒绝别人。这可能是大多数人的普遍心理。但美国幽默作家比林指出:**一生中的麻烦有一半是由于太快说"是",太慢说"不"造成的**。这就是著名的"比林定律"。学会在恰当的时机、以恰当的方式表达拒绝,我们的人生会轻松很多。

的确,我们很多人,包括一些处世高手,在如何拒绝他人这件事上,都是很费脑筋的。我们往往爱面子或怕得罪人,在别人提出一些要求或者请求帮助的时候,即使自己很忙,或者力有不逮,也往往要勉为其难,那个"不"字就是说不出口。

正因如此,我们常常使自己陷入"不得不"或者"被逼无奈"的窘境当中,更重要的是,还会打乱自己的计划和安排,使自己的工作与生活陷入被动。长此以往,我们将无法享受给予和付出的真正快乐。正常的人际交往与互动都会成为一种负累,又有何快乐可言呢?

生活和工作中遭遇到的种种挫折与不如意,有多少是因为我们碍于情面,过于草率地答应了他人的要求,事后却发现自己力不能逮而造成的呢?

要想把握主动,就必须学会拒绝,学会当面给对方"脸色"看。这样不但不会丢面子,反而可以树立你的权威。若事事依着别人,权威何在？面子何在？

这在心理学上其实是一种博弈。

拒绝是手段，不是目的，把事办得漂亮才是目的。其底线是：办事要讲原则，不符合原则的事坚决不能办。如果某人向你提出要求，但不符合原则，你就不答应，这叫坚持原则。不能为保持一团和气而丧失立场，不论什么样的关系，该拒绝的一定要拒绝。

但同时要讲究说话方式，根据对方的特点、交往的场合和时间等的不同，采取灵活的策略，这就叫办事要有灵活性。讲究灵活性，很重要的一点是委婉含蓄。

美国总统富兰克林·罗斯福在就任总统之前，曾在海军某部担任要职。有一次，他的一位好朋友向他打听海军在加勒比海一个小岛上建立潜艇基地的计划。罗斯福神秘地向四周看了看，压低声音问道："你能保密吗？""当然能"。"那么"，罗斯福微笑着说，"我也能。"

富兰克林·罗斯福在朋友面前既坚持了不能泄密的原则立场，又没有使朋友陷入难堪，取得了极好的语言交际效果。

第九章
别在该动脑子的时候动感情

 **人要学会扔东西**

有人说,人生重要的是得,在我看来其实是扔。

为什么要扔?

(1)很多东西不是没用,而是你已不再用。

(2)很多东西不是需要,而是想要。

(3)很多东西很美好,但已成为过去。

(4)很多东西,留着其实是一种负担。

那么,扔什么?

(1)扔掉没有意义的聚会。

(2)扔掉对他人的依赖。

(3)扔掉虚荣心。

(4)扔掉面子。

……

人生中,我们背负着太多的东西,一定要学会"扔",不然你最后会被压垮。很多人都喜欢买买买,而买回来后即便不用了也可能舍不得扔,有人还专门弄个小屋放这些旧东西;很多人对感情放不下,把自己搞得一团糟,有的甚至丢了性命。但是**你看哪个富人家里到处都是旧东西?** 他们对待感情也是这样,不行就放下,不会让自己陷进去。学会扔东西,其实也是在丢掉精神上的负重,丢弃那些困扰自己的东西。在扔的那一瞬间，其实是放下了执念。

"人与人之间的缘分本就稀薄寡淡，旅途中遇到的人，多是清尘浊水，后会无期。"**成年人的友情，总是一路走一路丢，聊着聊着就断了，走着走着就散了**。朋友越来越少，留下的越来越重要。

无论是看法、信念、回忆、工作，甚至某个人，只要让你心情下沉，或感觉不好，就丢掉。如果只是摆在那里占空间，毫无正面贡献，就丢掉。如果你得花很长时间权衡利弊，或烦恼该如何是好，就丢掉！别害怕。这是你的人生，你生命中注定拥有的东西，你想丢也丢不掉。

我们每个人都是一边拥有，一边失去；一边选择，一边放弃。

第九章
别在该动脑子的时候动感情

 **感情里的延迟满足**

你是否想知道,为什么有些不如你聪明、漂亮或可爱的女性找到了男朋友,而你却没有?你是否怀疑自己正在做一些傻事却不明白究竟错在哪里?你是否对临时性的情侣关系、独自度过周末和情人节的日子已经忍无可忍?对于那些只给你发短信或只在网络上与你交流,却从来不与你约会的男士,你感到厌倦了吗?你知道为什么他要了你的号码却不给你打电话吗?

一个可能的原因是,你不懂得延迟满足。

有句话说:"爱,是迫切的。"正是因为迫切,所以当一个人陷入爱情之后,就会变得急于付出,恨不得将全世界最好的东西全给对方,把自己所有的爱毫无保留一股脑地用在对方身上。

还没等对方问,自己就把所有的想法展露无遗。生怕对方不了解、不明白、有误会,怕自己没说清楚,导致让他理解不到位而远离自己。

嘉男恋爱之后,就用十佳好女友的标准要求自己。

她不仅对于男友的事情尽心尽力,对于男友的要求也无一不做到尽善尽美,而且为男友做羹汤,处处为男友考虑。

确实,嘉男这种全心全意的爱,的确让男人感动了一阵子。

可是人都是容易习惯的。

不到一年时间,嘉男就感到男人变了,他认为她的付出是理所当然的，对她的热情变得不屑一顾，曾经秒回她的信息，关心她的感受，现在对她则极其敷衍。

心理学家沃尔特·米歇尔说："延迟满足，是为了更有价值的长远结果，而放弃即时满足，以及在等待中展示自我的控制力。要在对方期待某件事发生的时候，学会控制自己，不会因为对方做了什么，马上就有反应。"稍微延迟一下，让他产生"落差感"。

这也充分展现出你的无所畏惧，当一个人在关系中，处于不怕失去的状态时，反而越有魅力。因为你真实、自信，你接纳一切可能。

容易得到的，无论多好，往往也不懂得珍惜，被偏爱的，也总是有恃无恐。

只有当我们能够将十分的爱分散在一辈子的时间中，由冷淡慢慢变热，付出缓缓地增加，才会让对方感觉到持续的暖意和惊喜，最终让感情更稳定长久。

感情其实就是这样，并不是你爱得越用力越好，而是要有持续输出爱的能力。

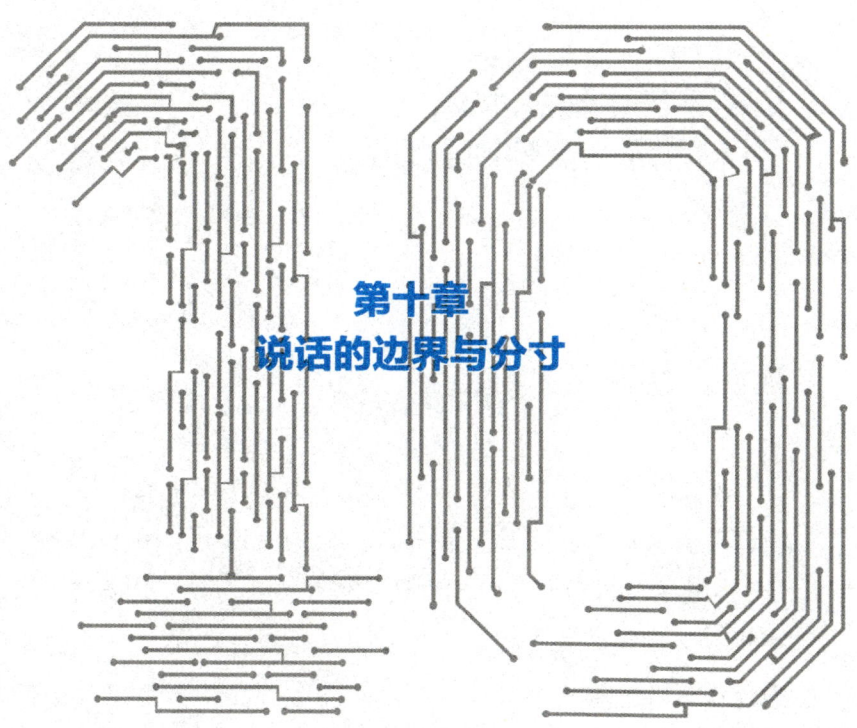

第十章
说话的边界与分寸

得 道

只要不产生利益冲突，别人的话一般不需要反驳

俗话说，顶牛抬杠不养家。

宋先生大学刚毕业时，有一次参加朋友的婚礼，席间有另一位年轻人唐先生在说明新郎与新娘的关系时，用了"青梅竹马"这个成语。他为了夸耀自己的博学，还念出了这首诗："郎骑竹马来，绕床弄青梅。"不过，这位唐先生却搞错了，他所念的这首诗是唐代诗人李白写的，而他却误以为是宋代女词人李清照写的，可能因为这首诗蕴含的深厚感情，使得他误以为是出自女性作家之手。

宋先生当时年轻气盛，又认为中国文学是他的特长。为了夸耀这一点，宋先生毫不客气地当着众人的面，纠正唐先生的错误。可他是不说还好，这样一说，唐先生反倒更加坚持自己的意见了。

就在他们争论不休时，恰巧宋先生看见他的大学老师坐在隔桌，这位老师是专攻唐代文学的博士，现在教授的课程也都和诗有关。于是宋先生和唐先生去见自己的老师，唐先生也听

第十章
说话的边界与分寸

过宋先生的老师的大名,所以同意让宋先生的老师当裁判。他们都把各自的观点说完,老师一直只是静静地听着,然后在盖着桌布的桌下,用脚轻踢了宋先生一下,态度庄重地对宋先生说:"你错了,那位先生说得才对。"

回家的路上宋先生越想越不服气,他不相信老师这么有学问的人,竟也会忘记这首诗。于是宋先生一到家就从书架上找出《唐诗三百首》,第二天连班都不上了,拿着书去学校找老师,要他还自己一个公道。

宋先生在教授办公室里遇上了老师,还没等他把书拿出来,老师就先说了:"你昨天说的那首诗是李白的《长干行》,一点也没错。"这时宋先生更纳闷了。老师看了看他,温和地说:"你说的一切都对,但我们都是客人,何必在那种场合让人难堪?他并未征求你的意见,只是发表自己的看法,对错根本与你无关,你与他争辩有何益处呢?"

有人骂你怎么办?

有人骂你怎么办?

有人说,我要骂回去。

有人说,有人骂我,我就收集证据,我要报警,我要运用法律手段惩罚对方。

保护自己,这当然是每个人的权利。但是,如果你真的这么做了,心情也不会太好,结果可能比你想象的更糟。

看看有大智慧的人是怎么做的吧。

有一段时期,释迦牟尼经常遭到一个人的嫉妒和谩骂。又有一次,当这个人骂累了以后,释迦牟尼微笑着问:"我的朋友,当一个人送东西给别人,别人不接受,那么这个东西是属于谁的呢?"这个人不假思索:"当然是送东西的人自己的了。"释迦牟尼说:"那就是了。到今天为止,你一直在骂我。如果我不接受你的谩骂,那么谩骂又属于谁呢?"这个人为之一怔,哑口无言。

从此,他再也不敢谩骂释迦牟尼了。

当有人骂你时,你千万别骂回去,只在心里不接受就可以了。

他骂你,你不理他,难受的是他自己,他伤害的是他自己。

东晋时期,我国排名第一的书法家王羲之也有过类似的遭遇。

> 有一天,王羲之在大街上闲逛。
>
> 他看到一位老妇人正在炎炎的烈日下叫卖扇子,却无人问津。
>
> 于是他心生善意,上前跟老妇人说:"大娘,我给您的扇子上写几个字,保证有人抢着买。"
>
> 老妇人虽然不大情愿,但心想反正也没人买,索性死马当活马医,就答应了。
>
> 结果没多大工夫,王羲之题字的那些扇子就被一抢而空。
>
> 老妇人喜极而泣,第二天赶紧拿着扇子堵在王府门前,拦住王羲之说:"麻烦你给我的扇子写上字。"
>
> 王羲之哭笑不得,推脱自己还有公务在身,急着出门。
>
> 两人拉拉扯扯,老妇人突然发飙,指着王羲之的鼻子大骂道:
>
> "帮人帮到底,送佛送到西,你不懂吗?会写字就了不起呀,书都读到狗肚子里了吗?"

据记载,王羲之当时的表情是四个字:笑而不答。

爱骂人的人,一般素质都不高。

你浪费一分钟在他身上,都是对自己宝贵时间的浪费。

而且,**如果是你讨厌的人骂你,那你一定是做对了什么**,你应该高兴才是啊。

说一不二与说三道四

过去，人们称赞某人说话算数、有分量，会说这个人一言九鼎。说话有分量的人总能给人以可靠、诚信的印象。一言九鼎，也可以解释为一个唾沫一个钉，说出去的话就如板上钉钉，不给他人质疑的余地、不容更改。我们应当尽量做到说话算话、说话有分量，这样不但能使人信服，还可增强自身的语言魅力。

当我们在表达意见时，可以尽量少说"但是"，用"而且"来替换它，因为"而且"在语气上更肯定。例如你可以说："你的这个建议很好，而且若能在第三点上多点分析会更完美……"这样是不是更有力度？

此外，当你结束在会上的发言时，应当说："以上，就是我的建议。"这就显得你更有自信，更有信服力，也就更有分量。

当你需要与一位客户打电话联系时，你可以对他说："星期一上午十一点，我打电话给您确定这件事。"说明你做事很果决，工作态度也更为可靠。当然，你最好准时在十一点打电话，这样你的客户才会深信你是个说话相当有分量的人。

有人说一不二，但也有人喜欢说三道四、嚼舌根。

对于普通人来说，偶尔说一下闲话，能满足我们被关注的心理需要。同时，也能获取友谊，增加朋友间的亲密度。而"嚼舌根"，

第十章
说话的边界与分寸

则让我们有机会与他人过度分享第三者的秘密,甚至是隐私。因为对他人生活秘密的好奇,是人的天性,一个天性猎奇并掌握他人众多"猛料"的人,往往能吸引很多听众,使自己成为众人关注的焦点。同时,在说者与听者分享别人秘密的时候,两者的关系得以促进,友谊得以增长。

其实,从心理学角度讲,这是一种不健康的心理状态。

专门揭露他人之短、散布他人隐私是一种软暴力行为。

对付"嚼舌根"的人,最好的办法是:加强自爱,不凑热闹,不生气。

父子俩牵着一头毛驴从街上走,一位行人说:"这爷俩儿真笨,两人都跟着驴走,一个人骑着一个人走多好啊。"父亲听了这个人的话后,自己骑到驴背上,让儿子牵着驴走。刚走不远又听有人说:"这个做父亲的真狠心,只顾自己骑驴让儿子走,太不应该了。"听到此话,父亲从驴背上下来,让儿子骑驴。刚走几步又听有人说:"这个儿子真不孝顺,自己骑驴让父亲走,太没大没小了。"听了此话后,父亲也骑在驴背上,儿子在前父亲在后。走了一段路又听有人说:"这头毛驴真可怜,驮着两个人腰都被压弯了。"

父子俩听了四位行人的话后,不知怎样做才对。儿子对父亲说:"咱们走山路免得遇见行人说三道四,让咱爷俩为难。"父亲说:"我们不走山路仍走大路,你累了你骑驴我累了我骑驴,别人愿意说啥就说啥。"

人无论做啥事总会有人说三道四,人不能因怕别人说就不做事,只要你认准的,你就应做下去,别管别人怎么说。**人更不能把别人的赞誉和责骂太放在心上,管他是夸还是骂!**

> 得 道

 酒文化与酒桌话

中国历代文人都有对酒的赞颂：三国时期的曹操对酒当歌，"何以解忧，唯有杜康"；唐代的李白慷慨高呼："天子呼来不上船，自称臣是酒中仙""五花马，千金裘，呼儿将出换美酒，与尔同销万古愁"；唐代王维送元二使安西时，曾以诗吟诵："劝君更尽一杯酒，西出阳关无故人"……古人将饮酒作为一种情趣、一种享受，上至帝王将相，下至庶民百姓，都将饮酒作为人生的一大乐事：帝王登基，大宴群臣，离不了喝酒；将士出征，要饮酒祭旗；将士凯旋，要痛饮庆功酒，甚至身犯重刑的犯人，被押赴刑场行刑前，还要饮三碗酒，曰"断头酒"。可见，古人的生活是和酒紧密相连的。

饮酒是古人的一种情趣，在现代人的交际过程中，酒是一种办事媒介。**酒作为一种交际媒介，在迎宾送客、聚朋会友、传递友情等方面，发挥了独特的作用。**

老周是个北方人，酒量本来就很好，平时就喜欢在家弄点小酒喝喝，一顿没有酒他就会觉得不舒服，有了酒即使不吃饭他都会觉得自在。

上次他接了个电话，几个多年没见的同学要来玩，这几个同学都是大学时候玩得不错的，差不多也有十几年没有见过面了。老周本来就是个很重感情的人,同学们来了,他自然非常开心,早早地预定了酒席。

同学中有两个南方人,上学的时候就不怎么会喝酒,现在稍微上了点年纪就更不能喝了。好久不见,老周一直不停地敬酒,这两个南方同学也很爽快,即使不能喝也都陪着喝,但毕竟酒量不行,喝着喝着就差不多了。南方同学确实也是不怎么想喝了,但是老周觉得这么多年没见了,一定要喝痛快了。

这两个同学虽然把酒喝了,可是他们很有可能以后就不敢再来了,因为他们本来不能喝,好不容易来一回,最后被强迫喝酒,自然是有点不舒服的。

他本可以这么做:

老周想劝两个南方同学喝酒,就说:"来,我敬你们,你们难得来这边,来看我老周,这杯我喝完,你们随意。"南方同学看老周咕咚一下把杯子里的酒全部喝完了,想想老周的话又不好意思不喝,南方同学也就全部喝完。

从表面上看,老周是照顾南方同学,但其实他是让南方同学自己不好意思,自己把酒喝完的。这样,老周也达到了目的,但是这样,南方的同学还是可能会喝伤身体。

他最好这么做:

老周知道两个南方的同学不是很会喝,如果不好好喝,氛围自然会受影响,老周在入席之前就拉住两个南方同学:"一会儿大家一定要喝好,这么多年没见了,实在难得,一定要喝痛快,但是也要注意身体,你们平时喝得少,肯定没那几个能喝,肯定吃亏,哈哈。我点了几个比较辣的菜,一会儿喝的时候你们多吃辣菜,一定要让自己大量出汗。"

老周这样做,自然让同学感到他想得很周到,既顾全了同学的面子,也照顾到了同学的身体,同时还让酒桌气氛很活跃。

如果在商业场合,我们在酒桌上还要注意以下问题:

(1)众欢同乐,切忌私语。

(2)瞄准宾主,把握大局。

(3)语言得当,诙谐幽默。

(4)劝酒适度,切莫强求。

掌握了酒桌话的奥妙,利用酒桌办事就会游刃有余。另外,**如果你不能喝酒,或酒量有限,面对别人的频频敬酒,最好学会拒酒**。下面介绍几条"拒酒词",你可以灵活运用:

(1)只要感情好,能喝多少,就喝多少。

(2)只要感情到位,一滴不喝照样醉。

(3)只要感情有,喝什么都是酒。

拒酒的办法还有许多,要学会随机应变。酒文化中既有劝酒词,也有拒酒词,你没有酒量,可以凭借你的机智与口才,在交际场上灵活周旋。

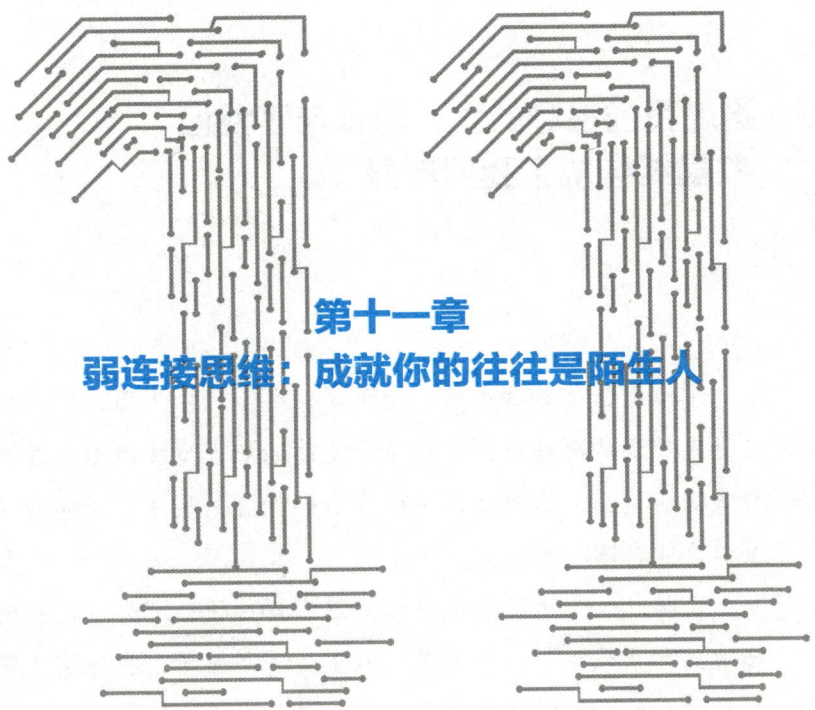

第十一章
弱连接思维：成就你的往往是陌生人

得 道

 **路过我们生命的人,都参与了我们,
并最终构成了我们本身**

  一个阴云笼罩的午后,由于瞬间要下倾盆大雨,行人们匆匆进入就近的店铺躲雨。一位陌生的老妇人也缓慢地走进费城百货商店避雨。面对她狼狈的姿容和简朴的装束,所有的售货员都没理睬她。

  这时,一个年轻人诚恳地走过来对她说:"夫人,我能为您做些什么呢?"老妇人笑了笑说:"不用了,我在这儿躲一会儿雨,马上走。"老妇人马上又心神不定了,不买人家的东西,却借用人家的屋子躲雨,似乎不近情理,于是,她开始在百货店中转了起来,哪怕买个头发上的小饰物呢,也算给自己的躲雨找了个恰当的理由。

  正当她犹豫不决时,那个小伙子又走了过来:"夫人,您不必为难,我给您搬了一把椅子放在门口,您坐下来休息就可以了。"过了两个小时,雨过天晴,老妇人向那个年轻人致谢,并向他要了一张名片,就蹒跚地走出了商店。几个月后,费城百货公司的总经理詹姆斯收到一封信,信中要求将这位年轻人派往苏格兰收取一份装潢整个城堡的订单,并让他承包这个家

第十一章
弱连接思维：成就你的往往是陌生人

族拥有的几个大公司下一季度办公用品的采购业务。

詹姆斯很惊喜，他计算了一下，这封信带来的利益，等于他们公司两年的利润总和。他在快速与写信人取得联系后，才明白，这封信出自一位老妇人之手，而这位老妇人正是美国亿万富翁"钢铁大王"卡内基的母亲。

詹姆斯立刻将那个叫菲利的年轻人推荐到公司董事会上。没有疑问，当菲利打起行装飞向苏格兰时，他已经成为这家百货公司的合伙人了。那年，他22岁。几年后，他成为"钢铁大王"卡内基的得力助手，事业飞黄腾达，成为美国钢铁行业仅次于卡内基的重量级人物。

这样一来，菲利以善待陌生人的小小举动，以一把椅子的问候，体现出他为人的诚恳和忠实，从而赢得了贵人的欣赏。

中国人的传统观念告诫人们，"不要和陌生人说话""逢人只说三分话，不可全抛一片心"……这些观念虽有可取之处，但是也有很大的弊端，它将陌生人拒之门外，是扩大社交圈的最大障碍。

在很多公司，许多人的交际圈非常小，除了工作以外就少有和其他圈子的人相处，每天准时上下班，天天面对的不是同事就是领导。整天跟你在一起的这些同事，干的事很可能跟你差不多，想法也非常接近。

扩大自己的社交圈，**主动一点，诚恳一点，你的机会就会多起来。**

他们也在等着你主动认识

当你走进一个陌生的房间，面对周围目光的压力，你紧张、不安，只想后退……但是且慢，也许你的新机遇正在面前……

当你无助的时候，你会发现，其他人也一样，他们也局促不安。他们也希望认识你，与你打招呼。

面对满屋子的陌生人，你大方地迎上去就可以了，不要怕丢人。**你不尴尬，尴尬的就是别人。**怕什么呢？

走到一个陌生人面前，你可以做几件事：

（1）巧妙地介绍自己的名字。

与人初次见面时，想让对方记住自己，最简单的办法就是让对方记住自己的名字。比如，你可以对自己的名字做一个简单但容易被别人记住的介绍："我姓接，接二连三的接，认识我，你会有接二连三的好运！"

（2）直呼对方的名字。

如果对方面前有姓名牌，或者对方给了你名片，你就可以直呼他的名字。欧美人在说话时，常说："史密斯先生，来杯咖啡好吗？""史密斯先生，关于这一点，你的想法如何？"此种做法往往使对方涌起一股亲密感，尤其当你们还不熟悉的时候。

（3）保持微笑。

在和别人第一次见面时，微笑和赞美会有一种微妙的力量。陌生朋友会被你的微笑感染，认为你是一个很有亲和力的人。你对他的赞美，会让彼此一下子从陌生人变成朋友。

（4）记住对方说的话。

记住对方说过的话，事后再提出来做话题，也是表示关心的做法之一。尤其是兴趣、嗜好、梦想等，对对方来说最重要、最有趣的事情，你一旦提出来作为话题，对方一定会觉得很愉快。

（5）适当表达你的瑕疵。

表达瑕疵，可以赢得关注。而实际上，一丁点瑕疵根本遮掩不了你本人的光辉。"这个人有点小缺点，但是其他方面挑不出毛病来，是个相当不错的人！"

（6）不过分掩饰自己。

不要掩饰自己，要把自己真实的性格展现给对方。我们不想让对方看透自己，觉得如果对方发现自己的弱点是很糟糕的，这样做你不可能畅所欲言、自由表现。把性格真实的一面展示给对方，就不会有太多的顾虑了。

（7）坐在对方旁边的位置。

很多人和陌生人第一次见面时，总是难以消除：紧张和畏惧。交谈时坐在对方旁边的位置，只在必要时接触对方的视线即可，这样容易放松下来。因此，要和初次见面的人增加亲切感时，最好不要面对面地交谈，而应尽量坐在他旁边。

结识当今世界上最重要的人

有些人做事有一股"痴劲儿",一味地埋头苦干,尽管有些时候很盲目,他们还是一个劲儿地向前走。就这样,他们迷迷茫茫地走着,难以走到路的尽头。

孙悟空历尽千辛万苦,保唐僧上西天取经,一路上遇到数不清的妖魔鬼怪,孙悟空凭借一根金箍棒降妖除魔,立下很大的功劳。当然,在西去的路上,孙悟空也遇到过自己解决不了的困难,比如自己对付不了的妖精,为了尽快搭救唐僧,他上天宫、下地府,请各路神仙帮忙。试想,如果孙悟空在危难时刻,只是"埋头走路",不懂得向高人求助,唐僧早不知道被妖精吃了几次了。

在现实生活中,大凡成功的人都懂得找高人指点,他们在遇到自己难以克服的困难时,往往会想到高人的作用。于是,他们会去结交高人。

小王和小张在同一家公司、同一个岗位工作。小王天资聪慧,工作很努力;小张交际能力很强,善于团结人。三年过后,

第十一章
弱连接思维：成就你的往往是陌生人

两人的地位有了明显的不同。小王虽然工作努力，但是没有小张升迁快，小张已经升到部门主任，而小王还在基层努力用功。你可能会感到诧异，为什么工作努力的人没有被提拔，工作不努力的人却屡屡晋升呢？

事情的原委是这样的：小王虽然工作努力，但是他在工作中不善于和人沟通，总是干自己的事情，在工作中碰到"拦路虎"，也不主动向人请教，时日长久，许多疑难问题便影响了他的工作效率；而小张则不同，他与同事相处得很好，并喜欢结交技术好的人，在工作中求他们指点迷津，使自己快速进步。这样一来，小王和小张的工作成绩便有了差距，小张逐渐地超过了小王。

那些会主动寻找高人、请高人指点的人，往往会很轻松地获得成功。

既然高人的作用如此重要，那么我们在生活中该如何结交高人呢？

（1）尊重对方。

与高人发展友情，首先要准确把握与双方的关系，充分表现出对他的尊敬。

（2）态度自然。

高人不管地位，还是阅历、学识，都比我们高一筹。和他们交往，我们会有敬仰的感觉，有时还有一种胆怯的感觉。许多刚步入社会的年轻人，在这种情形下会显得动作走形、形态别扭。其实高人也是我们平等的交际对象，也是一种自然的交往关系，我们一方面要尊重高人，另一方面也要立足于自己，守住方寸，保持本色，正常、自然地交往，不必拘谨，这反倒能显示我们的交际魅力，才会赢得对方的尊重。

（3）主动、真诚。

高人的行为是要与自己的身份、地位一致的。他们通常不会主动和我们交往，而作为普通人，身份在下，地位较低，要主动积极、充满真诚地做出友好姿态。这样高人才愿意帮助我们。

（4）切忌奉承。

尊重高人是有原则的，倘若不顾原则，另有目的，对高人难免有阿谀奉承之嫌。

默默无闻地埋头苦干，既不讲究效率，又不讲求效果，越干只会离成功越远。

王总，这个地方我拿捏不准，您给看看。

第十一章
弱连接思维：成就你的往往是陌生人

 陌生人推门进屋，对方先重点观察的往往是你的脚

陌生人推门进屋，对方重点先观察的往往是你的脚，通过锃亮的皮鞋或满是灰尘的皮鞋，对方就大体知道你是个怎样的人，是不是值得信任。

穿着得体的人给人的印象就是好，它等于在告诉人家："这是一个重要的人物，聪明、成功、可靠。大伙可以尊敬、仰慕、信赖他。他自重，我们也尊重他。"

反之，一个穿着邋遢的人给人的印象就差，它等于在告诉大家："这是个没什么作为的人，他粗心、没有效率、不重要，他只是一个普通人，他习惯不被重视。"

在很多场合我们没有机会向每一个人介绍自己，让对方了解自己的优点，但是**优雅得体的仪容、仪表可以代替我们完成自我介绍**，因为它所涵盖的内容非常广泛，比如良好的审美能力、对对方的尊重程度等。

可以说，一个人的仪表是一个人的"门面"，又是一个人内心世界和内在气质的显露。注重仪容仪表，对于我们而言就是为自己做了一张漂亮的名片。

得 道

　　无论在生意场上还是在应聘工作或者私人聚会的场合，良好的仪表都会给你加分，着装得体会给别人留下深刻的印象，不凡的仪表会吸引更多的眼球。特别是在生意场合，因为得体的仪表而给人留下的第一印象更加重要。

　　　　小李是某公司的业务员，有一次他去拜访一位客户孙经理。小李并没有说太多推销方面的话题，只是他的个人形象比较鲜明，仪表得体，而且很有礼貌。孙经理一下子就记住了他。
　　　　当他们第二次见面的时候，孙经理还向小李提起初次见面时他对小李的感觉。孙经理说："你的言谈举止间透露出儒雅自信的气质。这让我很快对你产生了好感，并且信任你。"
　　　　生意成交后，孙经理又向小李介绍了很多潜在的客户。

**　　形象一定要走在能力前面，不然你的能力很容易被低估。**
　　如果你不是歌手，不是画家，也不是玩行为艺术的，那么，请在平时注意你的衣着。现代社会，衣着能表现出你属于哪一个群体、哪一个圈子。

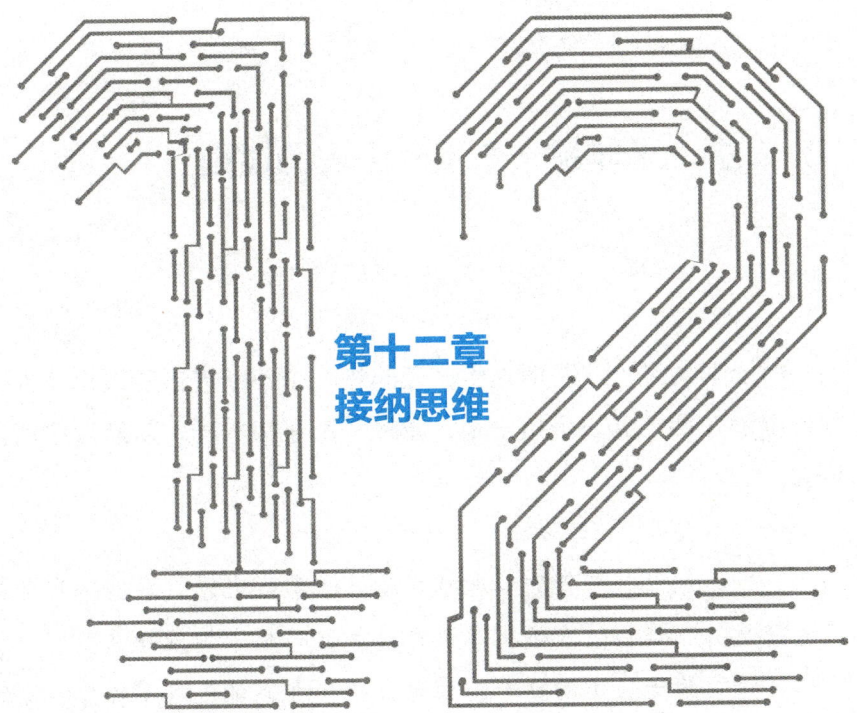

第十二章
接纳思维

人生，无非是一个不断失去的过程

村上春树说："所谓人生，无非是一个不断失去的过程。人生很宝贵的东西，会一个接一个，像梳子豁了齿一样，从您手中滑落下去。"

一位很有名气的心理学教师，给学生上课时拿出一只十分精美的咖啡杯，当学生们正在赞美这只杯子的独特造型时，教师故意装出失手的样子，咖啡杯掉在水泥地上成了碎片，这时有不少同学发出了惋惜声。

教师指着咖啡杯的碎片说："你们一定对这只杯子感到惋惜，可是这种惋惜也无法使咖啡杯恢复原形。今后在你们生活中发生了无可挽回的事时，请记住这只破碎的咖啡杯。"

这是一堂很成功的心理教育课，学生们通过摔碎的咖啡杯懂得了，**人在无法改变失败和厄运时，要学会接受它、适应它。**

只要我们看开了，就会发现任何事情也逃离不了自然界的大规律，有生必然有死。人生也一样，两人关系到头了，不等于你的生活终结了。爱错了人，也不必责备自己，谁没犯过错误呢？

我们都有过某种重要或心爱的东西失去的经历，其中大都在我们的心理上投下了阴影。究其原因，就是我们并没有调整心态去面对失去，没有从心理上承认失去，而总是沉湎于已经不存在的东西，没想到去创造新的东西。

我们常常把"时间不能倒流"挂在嘴边，我们明明知道过去永远都不能再回来，但在人生中，我们依然有太多不想接受的事实。比如，生活中，谁都会遇到不愉快的事：好不容易得到了上司的赏识，他却又调往别处；全力以赴做了投标书，却因为最后一个数据没有核实而失去了机会……与其让这些无可挽回的事实破坏我们的情绪，还不如让自己对这些事情坦然接受，并加以适应。要记住，**后悔是无济于事的，我们已经失去了很多，只要不再失去教训就行。**

比如你去演讲，受到听众的欢迎，这是一个事实；假如受到听众的反感，也是一个事实，不论怎样你都要准备接受。这样你就获得了一种平静，你既不会故意讨好听众，也不会回避听众。而事实上，你压根就不要想这些问题，而是要把注意力集中在当下。

如果你在一生中遇见了你心爱的人，可以说你是幸运的，无论结局怎么样，都可以说是美丽幸福的吧！不要相信那些爱情小说，因为我们是生活在现实中，而不是童话里，没有谁会等谁一辈子。

如果你只是盛开于彼岸的繁花，如果我只能站在此岸遥望你在风中摇曳的忧伤，那么，这注定只是红尘里一场伤心欲绝的错爱，因为我错过了你美丽的花期。

你失去的金钱，对你来说可能是生命中最轻的、最微不足道的。

你最后会失无可失……

然后，你连自己的命都会失去。

一切都是暂时的，一切都会消逝，让失去的变得可爱。

得 道

 人最重要的不是"得",而是对失去的接纳

《庄子·天地》有言:"知其不可得也而强之,又一惑也。"意思是说,明知不可能达到却要勉强去做,这又是一大迷惑。

庄子认为,明知不可为而为之,只能是徒劳。

该来的终究会来,该走的也终究会走,人生在世,万事勿强求。

有个人疯狂地追求一个漂亮的女孩,对方却不答应。男孩用尽一切办法都是枉然,但他依然很执着,他坚信自己所做的一定能感天动地,让女孩回心转意。后来,女孩交了个男友。这个男孩痛彻心扉,但他仍固执地认为女孩是在以这种方式考验他。于是,他仍不放弃,继续追求。即使女孩已多次坦言自己并不喜欢他,希望双方能各自开始美好的生活。但男孩还是那么倔强,大有"不追到手誓不罢休"的气势。

终于有一天,女孩宣布要结婚了。男孩的精神几近崩溃,他实在忍受不了多年的付出化为泡影。于是,在女孩结婚那天,男孩隐没在热闹的人群中。待到这对新人喝交杯酒,众人沉醉于喜悦之中时,他突然冲到女孩面前,将手中的一瓶硫酸泼到了她的脸上。

结果自然可想而知。

任何事情发生以后，当事者如果一味愚昧地往牛角尖里去钻，最后一定会活活地憋死在那个暗暗的、尖尖的、全无退路的牛角里。然而有时候，只要我们轻轻地转个弯，灿烂阳光、康庄大道，都在那儿等着我们呢。

你没得到某些东西，可能恰恰是躲开了风险。**有缘躲不开，无缘碰不到**。不要因为失去一些东西而伤心，这对你而言或许是成长。多年以后，你过去拼命想得到的、想做的，现在还想吗？那个让你爱的丢了半条命的人，如果现在见到，是什么感觉呢？我们原以为人生重要的是"得"，其实是"失"。失去不爱你的人、假朋友，失去那些小机会。**人也好，物也好，该扔掉的就扔掉**。

有时候不解决就是最好的解决办法。

请记住：人最重要的不是"得"，而是对失去的接纳。

负向暗示力：越怕什么，越会得到什么

命运很顽皮，你想往东时它偏偏会往西。

瓦伦达是美国一个著名的钢索表演艺术家，以精彩而稳健的高超演技闻名。他从来没有出过事故，因此，当演技团这一次要为重要的客人献技时，决定派他上场。

瓦伦达知道这一次上场的重要性：全场都是美国知名的人物，这一次若能成功不仅仅将奠定他在演技界的地位，还会给演技团带来前所未有的支持和利益。因而他从前一天开始就一直在仔细琢磨，每一个动作、每一个细节都想了无数次。

演出开始了，这一次他没有用保险绳。因为许多年以来他没有出过事故，他有100%的把握不会出错。但是，意想不到的事情发生了，当他刚刚走到钢索中间，仅仅做了两个难度并不大的动作之后，就从10米高的空中摔了下来，一命呜呼。

事后，他的妻子说："我知道这次一定要出事。因为他在出场前就这样不断地说：'这次太重要了，不能失败。'在以前每次成功的表演中，他只是想着走好钢丝这件事本身，不去管这件事可能带来的一切。"

第十二章
接纳思维

瓦伦达太想成功，太专注于事情本身，太患得患失了。如果他不去想走钢索之外的这么多事情，以他的经验和技能是不会出事的。

美国斯坦福大学的一项研究表明，人大脑里的某一图像会像实际情况那样刺激人的神经系统。比如，当一个高尔夫球手击球前一再告诉自己"不要把球打进水里"时，他的大脑里往往就会出现"球掉进水里"的情景。这一情景会指挥他的行动，结果事情不是向他希望的那样发展，而是向他害怕的方向发展——这时候，球多半会掉进水里。

前些年，某足球队有一个前锋几个赛季的进球都很少。他在门前的机会很多，可是每当机会来临的时候，他那临门一脚，总是把球打到门框外面去。事实上，就连不会踢球的人都看得出来，有许多球，他只要一蹭就能进门，他把球打到门外面比打进门难度大多了、费劲多了。

当时某报有一个记者写了一篇文章给他支招：当你感觉到往门外实在不好打时就往门里打！

他太想进球了，太想立功了，太想表现自己了。**当他站在球门前的时候，当机会来临的时候，他脑子里踢球以外的信息太多了。**

我们每一个人几乎都有过这样的经历，我们越是专注于某一件事情，就越难把它做好。而许多感觉实在难以完成的任务，不去想它，以听之任之的心态去对待它，往往又轻而易举地做好了。

为什么得不到的更有诱惑力

现实生活中，我们常常会遇到这样的情况，越是得不到的事物，对人们越具有诱惑力，这种诱惑力使人们充满窥探和尝试的欲望，千方百计地想通过各种渠道获得或尝试它，这种现象在心理学上被称为"潘多拉效应"。

法国著名农学家安瑞·帕尔曼切在德国当俘虏时，尝到了土豆的"甜头"，等他回到法国后，就想在自己的故乡培植它。

可是，当他把土豆引种到法国时，很长时间都没有得到人们的认可，迷信者把它叫作"鬼苹果"。医生们认为它对健康有害，而农学家则告诉人们土豆会使土壤变得贫瘠。这些"权威人士"的断言，使土豆成了不受欢迎、稀奇古怪的东西，谁也不敢种。

后来，安瑞·帕尔曼切想出了一个办法。他在得到国王的许可后，在一块出了名的低产田上开始栽培土豆，而且他还要求国王派给他一支身穿仪仗服装的卫队看守这块土地，不过，只是白天看守，到了晚上，卫队就撤了。

每天人们路过这里，看到那阵势就非常好奇，是什么东西需要卫队这样严密地看守呢？一定是好东西才怕被人偷啊！人们猜测，土豆一定是非常好吃而且很有好处的食品，就禁不住想探个究竟。

于是，他们商量好，到了晚上就到那块土地上去偷挖土豆，然后种到自己的菜园里去，结果土豆得到了很好的推广。人们发现这是一种口味非常不错的蔬菜，没有任何可怕的地方。

我们常说的"吊胃口""卖关子"，就是因为人们对信息的完整传达有期待，一旦关键信息在接受者心里形成接受空白，这种空白就会对被遮蔽的信息产生强烈的召唤，这种"期待—召唤"结构就是诱惑力存在的心理基础。

这在现实生活中是普遍存在的。例如，收音机里播放的评书节目，每次都在最扣人心弦的地方停下，留下悬念，以使听众第二天继续收听。再如，电视连续剧往往在剧情的关键处突然插播广告，这种做法除了能提高广告的收视率，更能吊足观众的胃口。

得不到的总是耿耿于怀，得到后的快感却也很短暂。在日常生活和工作中，了解了这些，就可以变得更聪明：如果有人故意吊我们的胃口，要保持冷静，不为所动，避免受"潘多拉效应"的影响。但是，如果对方是善意的，故意卖关子是为了给你一个惊喜，那就要积极"配合"。其实，我们除了被动地受其影响，还可以主动运用它来达到自己的目的。

第十三章
别指望别人理解你

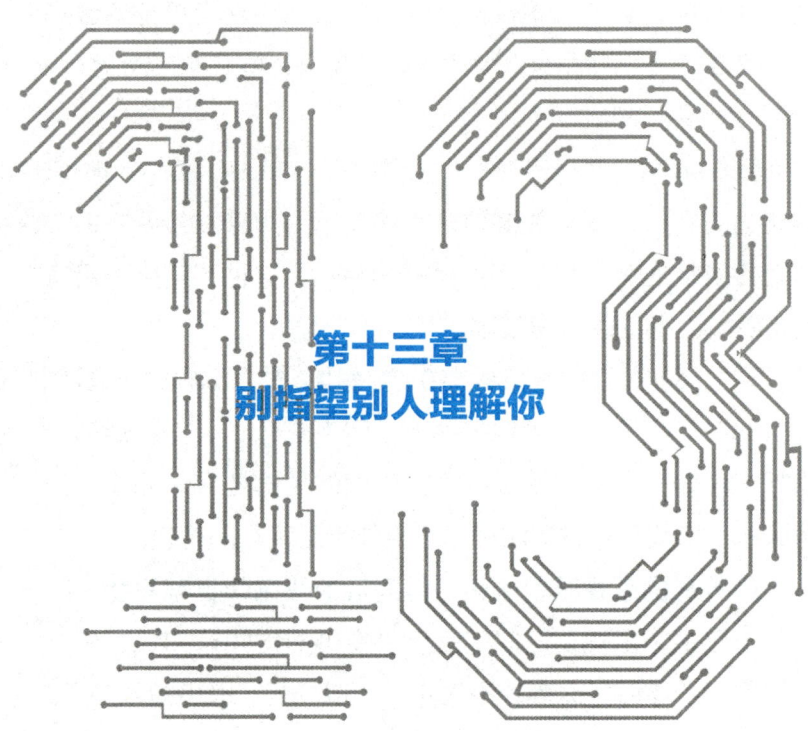

第十三章
别指望别人理解你

 除了你自己，很少有人在乎你的自尊

我们的自尊心受到伤害，往往先是大放怒气、怨气，然后是赌气，继而自我放弃，对自己失去信心，不敢尝试，把别人对自己的看法当作真理来限制自己的成长。

去年毕业的小张，几经周折终于在一家互联网公司找到了一份市场推广的工作。

在几个月的工作中，小张感到自尊心不断地受到打击：自己的方案被上司拿到领导那里邀功，自己的客户被同事撬走，领导的批评总是落在自己的身上……

小张的个性比较要强，他不愿意为了这些事找领导争辩，但是他也认为在这样的工作环境中自己的自尊心很受伤害。

小张是个有才能的人，也想干出点事，坏就坏在他的心态。在你做出成就之前，不要过分强调你的自尊。

从心理学讲，自尊是一种精神需要。**维护自尊是人的本能和天性**。当然自尊也要有一个度、一个弹性的区间。正确的原则是：从实际需要出发，让自尊心保持一定的弹性。

另外，维护自尊时，脸皮不妨厚一点，这并不是不要尊严，而是要把握适当的度。

当遇到坏事时，我们最不该想的是公不公平。在公司，没有谁在乎你的自尊，先做出成绩，再强调自己的感觉。领导可以不喜欢你，但是没有理由不喜欢你创造的业绩！

少有人在乎我们的自尊，但我们不能不在乎自己的尊严，更不能不在乎别人的自尊。

三百多年前，建筑设计师克里斯托·莱伊恩受命设计了英国温泽市政府大厅，他运用工程力学的知识，依据自己多年的实践经验，巧妙地设计了只用一根柱子支撑的大厅天花板。但是在进行工程验收时，市政府权威人士却对此提出了质疑，并要求莱伊恩一定要再多加几根柱子。

莱伊恩对自己的设计很自信，因此他非常苦恼：坚持自己的主张吧，他们肯定会另找人来修改设计；不坚持吧，又有悖于自己为人的准则。矛盾了很长时间，莱伊恩终于想到了一条妙计，他在大厅里加了四根柱子，但它们并未与天花板连接。

这个秘密始终没有被发现。直到三百多年后市政府准备修缮大厅天花板时，才发现莱伊恩的"弄虚作假"。

我们每个人都想得到别人的尊重，尤其是有了一定的社会地位的人。建筑设计师克里斯托·莱伊恩很明白这一点，**当市政府权威人士对他的建筑设计提出疑问时，他并不坚持己见，而是让市政府权威人士感到他对他们很尊重**。所以，一个聪明的人，不仅能维护自己的尊严，还能够顾及他人的尊严。

莱伊恩给我们上了精彩的一课。

第十三章
别指望别人理解你

 医不叩门，师不顺路

俗话说："法不轻传，道不贱卖；师不顺路，医不叩门。"一个医生，一般情况下，如果没有得到别人的邀请不能主动给人看病；在古代，不经过他人同意就去给人看病，往往是要被轰出去的。即使是在开明的今天，不请自来已经是很不礼貌的了，更何况还是去给人家看病，着实有些不合时宜了。所以做医生的不要主动敲门问人治不治病。

这句话乍听起来，好像医生比较冷漠、清高、不近人情、不够慈悲。其实不是那么回事，我们简单分析一下。

病人既然没有邀请你去看病，就说明人家对你的信任度不高，不太相信你的医术，或者不太相信你这个人。这样的话，即使你主动去给人看病，人家也未必好好配合，人家可能会怀疑你别有动机，为了利益强拉病人，是奔着赚人家的钱去的。病人不和医生配合，你医术再高，也看不好他的病，所以还是不去为好。

医生和病人之间，也需要缘分，需要真诚、信任，大家一起使劲，病才能治好，否则剃头挑子一头热，那病就治不好了。

师不顺路，是"师道"的一个规矩。作为一个老师，不要轻易答应人家随口提出的要求，有时候人家可能只是跟你客气客气，根本就没有诚心相邀，你却主动送上门去，那就搞得很难堪了。

《易经》上讲："匪我求童蒙，童蒙求我。"老师教学生，不能主动去求学生，那样他就更不会尊重你、重视你了，自然也学不到东西了。要等着学生主动去求老师，有这样真诚的心，才能真正学到东西。

　　现实中，我非要拜谁为师的很多，而我非要收谁为徒的很少。

　　真正通透的人，早已懂得管好自己、不渡他人。

　　你的标准答案，未必是别人的最优解。

　　现实中，不少人都习惯对别人的生活指手画脚。

　　这个世界上，每个人都有自己的生活态度和行事方式。

　　别人的幸福，你未必懂得；他人的苦衷，你也未必全知。

　　我们的经验和已知，很多时候不足以去判断别人的人生。

　　可凡事过了头，就变味了。

　　发自己的光就好，不要强行为别人点灯。

第十三章
别指望别人理解你

 为什么我们总是遭遇恶人

心理学上有个名词叫"招恶体质"。什么是"招恶体质"?

说白了,就是特别容易招恶人喜欢,甚至原本对方是一个好人,在跟你接触后也会变成坏人、恶人。

人性是非常复杂的,人们在跟不同的人接触时,往往会展现出截然不同的态度。

那么,为什么别人总是欺负你呢?下面具体分析一下。

(1)你性格软,好欺负。

无论在职场中还是在生活中,都有这样一些人,他们性格太好了,好到宁愿自己吃亏,也不愿意得罪人。这种人如果遇到懂感恩、知回报的人还好,若是遇到小人、恶人,那可遭了殃了!恶人们会利用他们的和气心善,不断地提出过分要求。性格软的人不管走到哪里,都容易被欺负。

(2)你身份低,不能对他造成伤害。

黄渤说过一句特别经典的话:"以前在剧组里,总是能遇到各种各样的人,各种小心机;但现在(成名了),身边的都是好人,每一个都洋溢着温暖的笑脸。"人在低处时，是最能看清人性、看清人性冷暖的。更让人觉得恐怖的是，有些人也说不上是坏人，他们甚至都没有意识到自己是在"欺软"，只是觉得可以占到便宜。

（3）对方有底气，而你什么都没有。

一些恶人之所以豪横，他们也是有底气的，他们往往跟高管有关联，甚至可能他们的老爸就是公司老板。你如果有过人之处，有不可替代性，别人也不敢把你怎么着。若你什么都没有，那就惨了。

世界上的坏人是有数的，只是你身边比较多而已。 不改变"招恶体质"，你到哪里，哪里坏人就多。

第十三章
别指望别人理解你

 克罗雷的故事

戴尔·卡耐基在《人性的弱点》一书中，开篇就记录了一个被警署总监称为"纽约治安史上最危险的罪犯"的克罗雷的故事。

1931年5月7日，纽约市发生了一桩追捕格斗事件，骇人听闻。经过几个星期的追捕，警方终于擒获了一位重要犯罪嫌疑人——"双枪杀手"克罗雷。他在女朋友的寓所中，被逼到了绝境。

克罗雷藏身于顶楼，被一百五十多名警方人员团团围住。他们想将克罗雷逼出来，于是在屋顶上砸出一个大洞，将催泪弹投了进去。蹲伏在沙发后的克罗雷不时向警察开枪。这个暴徒震撼了纽约，上万名市民目睹了这场枪战，可谓群情激奋。这在纽约历史上可是从未有过的大新闻。

警察局长马罗南表示："在纽约的治安史上，克罗雷是最危险的罪犯之一。他杀人不眨眼。"

可是，你知道他是如何评价自己的吗？就在警察向公寓开火时，克罗雷乘乱写了一封公开信。写信时，他已经受伤了，伤口正流着血，信纸上也染上了血迹。他写道："我的心很疲惫，同时，它是仁慈的，不愿意伤害任何人。"

这是在开玩笑吗？

让时间回到不久前。一天，克罗雷与女友开车去长岛的乡间游玩。当他们把车停在路边亲热时，一名警察来了，对他说："请出示你的驾照。"

克罗雷愤怒不已。拔出手枪，扣动扳机，向那位警察连开数枪，警察当即毙命。随后，他捡起警察的枪，补了一枪。这就是他所说的"我的心很疲惫，同时，它是仁慈的，不愿意伤害任何人"吗？

当然，克罗雷得到了应有的惩罚——他被判处了电椅死刑。当他被送到受刑室时，你可能觉得他会忏悔"我随意杀人，这就是下场"。事实是，到最后他依旧觉得"我是自卫才那么做的"。

一个杀人如麻的罪犯，死到临头都认为自己是天下第一冤。

世界上的一切恶行，无不是从恶意开始的；一切屠杀，无不是从观念上的屠杀开始的。

人性是复杂的，很多时候，坏人理解不了好人，好人也理解不了坏人。所以，当任何人不理解你的时候，都不要吃惊。做好自己就可以了。

下篇　破局

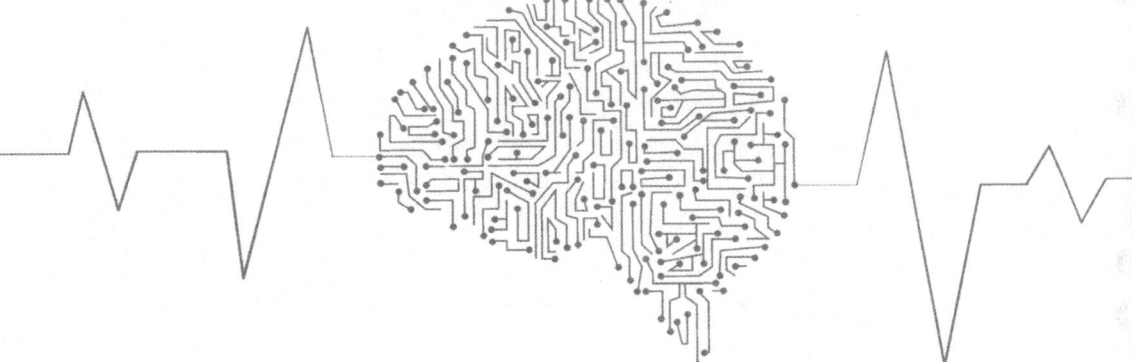

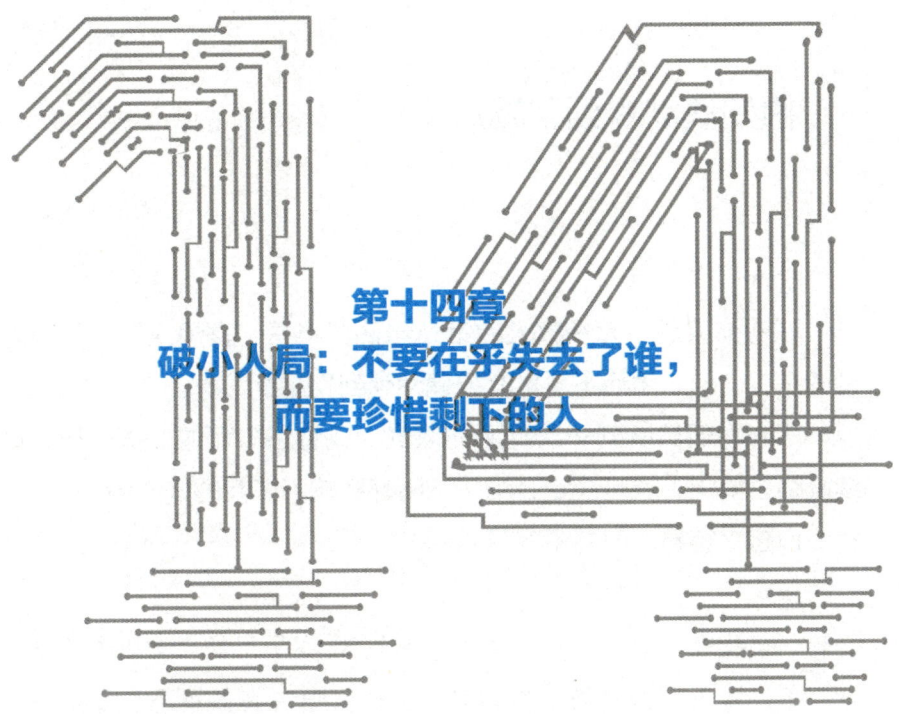

第十四章
破小人局：不要在乎失去了谁，
而要珍惜剩下的人

假如偶然踩到了狗屎

踩到狗屎后，大多数人的第一句话多半是"真烦人"，但我要说的是，为什么生活不可以容忍偶然踩到狗屎？

不必为偶然踩到一次狗屎而沮丧，或者怒不可遏，擦一擦，继续赶路。淡定，就是淡定，刮风下雨都影响不了我的好心情。

说起来容易，但并不容易做到。

我有一个朋友叫乔政华，今年31岁了，他与女朋友恋爱六年，眼看着快要到结婚的日子了，女朋友突然留下一张纸条，与另一个男人走了。

了解乔政华的人都知道，他与女朋友的交往之路非常坎坷。

乔政华大学毕业后就在父亲开设的工厂里上班，年纪轻轻就当上了部门经理，管理一个重要的部门，一个跟随他父亲多年的老员工负责培养他、指导他。在毕业后的五年里，乔政华春风得意，业务开展得很顺利。

这时候，追求乔政华的姑娘很多，但他偏偏看中了从农村来的梅。

由于中国传统门当户对思想的影响，家里开始时不同意，他多次与家里理论，终于得到家里人的支持。后来梅身体不好，

第十四章
破小人局：不要在乎失去了谁，而要珍惜剩下的人

医生说三年之内最好不要结婚。为了梅的身体健康，他精心照顾女朋友，给了她很大的鼓励。经过三年的治疗，梅的病好了。

然后，乔政华又安排梅到父亲开的另一家工厂上班，并派她到外地学习了两年。为了梅的事业，在六年的交往中，政华付出了很多，可以说该做的他都做了。

时间到了2022年底，因为国家采取从紧的货币政策，再加上疫情影响，乔政华父亲的工厂受到了很大的冲击，由于这些工厂都是外向型的，所以受到的影响很大。很快，工厂的利润被压缩到一个很小的空间，后来，很多业务干脆是赔本生意了。

无奈，乔政华的父亲关闭了自己所有的工厂。

乔政华也成为一个失业青年。

就在乔政华的处境十分艰难的时候，梅提出分手，跟着一个新加坡的老板出国了。

工厂关闭，乔政华没有感觉到危机，因为他觉得自己即使身无分文，但至少还有一个非常爱他的女朋友。但是，现在女朋友走了，乔政华的心彻底冷了，他发现自己竟然不堪一击。

"但这也并一定是坏事，女朋友的离去，至少让我明白了两件事：一是我必须努力，将来再次成为成功的人；二是我明白了她不值得我爱，也不是我最终要爱的人。这是我的收获。"

"我必须努力，"乔政华说，"否则我就完了，我真的一无所有了。"

2023年4月，乔政华找到父亲的一位老朋友，他在父亲这位故交的资助下，在福建收购了三家中型养猪场和一家食料加工厂。乔政华又是学习取经，又是请高人管理，现在企业的运转一切正常，管理规范，四个月内就实现了赢利。

现在，在母亲的撮合下，一位从英国留学回国的姑娘与乔政华确定了恋爱关系。两人一见钟情，双方父母也都很满意。

每当人生不如意的时候，我们多半会大叫一声：哇，又踩到狗屎了！每个人都会有艰难的时候，人不可能一帆风顺，在人生的大海里航行，怎么会不遇到风浪呢？一个人在顺利的时候，想接近他的人很多，正所谓人都喜欢"锦上添花"；一个人在遇到艰难的时候，很多人就可能离开他。

但是，这正是你认清自己和认清别人的最佳时机。**无论如何，抱着"凡事发生皆有利于我的心态"，就算是遇到烂人糟事，也能从中发现有利的一面，让万物皆为我所用。**当我们渐渐把"这件事为什么发生在我身上"的想法，替换成"这件事教会了我什么"，然后就会发现身边的一切都改变了。

第十四章
破小人局：不要在乎失去了谁，而要珍惜剩下的人

 总有人和你过不去怎么办

生活中，我们总会遇到一些令人厌恶的人。

哪怕我们没有得罪他们，他们也不知道是从哪里蹦出来的，就要跟我们过不去。

我有个朋友，是一家机械厂的员工，该厂规模较大，员工众多，位置优越，但厂里的经营效益并不好，总部为此很忧心。为了使公司的经营扭亏为盈，公司总经理提拔我的这位朋友做了厂里的副经理。于是，有着多年企业管理经验的他"临危受命"。刚刚上任，他就对该厂进行了全方位的摸底。经过分析，他找出了团队绩效下降的原因，并及时解决了经营中存在的问题。这样一来，工厂在六个月的时间内便扭亏为盈，业绩大幅上升。公司的员工纷纷向他投以羡慕的目光。戴上成功的光环，他感到很自豪，并开始沾沾自喜，开始在同事面前夸赞自己过人的管理智慧，还时常在上司面前出风头。

由于他在同事面前的地位不断攀升，总经理仿佛隐约看到了他对自己地位的威胁。于是，总经理开始给他施加压力，不断在他的工作中找问题。有时候一件鸡毛蒜皮的小事，一旦被发现，也会被紧揪小辫不放，甚至在公司集体会议上点名批评。

此外，总经理身边的人也群起而攻之。面对种种压力，我的这位朋友进退两难，无奈之余，只得写了辞职报告。他辞职后，迅速接替他工作的是总经理的秘书。这位朋友被排挤出局有着必然的原因，因为总经理不愿意看到他昔日提拔的员工踩到自己的头上去。

这是上司排挤你，级别相同的同事之间的排挤也是常有的事情。如果哪天你发现平时跟你很好的哥们儿、姐们儿也排挤你，请不要惊奇。

一位主持人说过，**没人跟你过不去，是生活本身矛盾密布**。人家跟你过不去，肯定有原因：

（1）想显示他的优越感和重要性。连门口的保安都有这种心理需要。

（2）你近来好事连连，招来了同事的妒忌。

（3）你刚到本单位上班，有着令人羡慕的优越条件，包括高学历、有背景、相貌出众。

（4）雇用你的人是公司内人人讨厌的"头号公敌"，所以受到了牵连。

（5）衣着奇特，言谈过分，爱出风头，而令同事却步。

（6）过分讨好上级而疏于和同事交往。

（7）妨碍了同事获取利益，包括晋升、加薪等可以受惠的事。

有些人见到同事排斥自己，就采取以牙还牙的反排斥手法：或指责人家吃不到葡萄说葡萄酸，或干脆不理睬同事，拒同事于千里之外；一些老实人，选择忍着，背后却很生气，影响一整天的心情，或是抱怨连连；有一些人，干脆换了工作，或是换了城市，逃得远远的……凡此种种，都是不明智的。

当别人总是跟你过不去的时候，继续有条不紊地做自己的事。

第十四章
破小人局：不要在乎失去了谁，而要珍惜剩下的人

我们只有不理会别人的言行，一心一意向前，一直不停步，那样我们就不会中任何人的"计"，就会一直很优秀。等自己变得足够强大的时候，想要为难我们的人，估计也会感叹自己是自不量力了。

生意场上，别人没有义务对你绝对忠诚

忠诚的人是高尚的人，忠诚比金子更可贵，忠诚胜于能力。

在老板的眼中，忠诚比才能重要 10 倍甚至 100 倍。所以，许多老板宁要一个才能一般，但是忠诚度高、可以信赖的员工，也不愿意接受一个极富才华和能力，却总在打自己小算盘的人。

但是，我们要认清，在生意场上，人所有的忠诚，都在演变为对价值的忠诚。**不要指望有人无条件地对你忠诚和付出，除非你这里一直都有他想获取的价值。**一旦你身上的价值消失了，不仅时代会抛弃你，连身边人也会抛弃你，合作、恋爱、婚姻都是如此。为什么现在人很容易就分开了？因为人们纷纷跳出了世俗道德的束缚，都直奔价值去了。

人在什么时候最忠诚，就是没有选择的时候。一桩婚姻，往往在一方在外面有了示好的人以后，才出现了裂痕；一个多年的老员工，往往在别的公司伸出了诱人的橄榄枝以后，才有了别的心思。

我年轻的时候交了一个女朋友，谈到动情处，她说永远都不会离开我，永远对我好。"你输，我陪你东山再起；你赢，我成为下堂妻。"说这话的时候，她自己都感动了。

等我生意失败，甚至还有了债务以后，最冷的也是她。

第十四章
破小人局：不要在乎失去了谁，而要珍惜剩下的人

所以，你要想有人对你忠诚，你必须能不断创造价值，并能对别人有价值，保持独有的吸引力。

你只有不断努力奋斗，让自身强大，提供给别人独一无二的价值，忠诚的关系才不需要刻意维护。

得 道

 不要小瞧单位里不干活的人

为什么公司里有一种人，他偷懒、不干活，却没人说他，经理也装看不见？

因为他很少干活，所以你抓不住他的把柄。

而那些努力的人，干得多，管得多，一不小心就犯错。一个细节注意不到就被人抓到小辫子。那些不干事的人，一天到晚瞅着你呢。

单位那些"不干事"的人，经理真的看不见吗？不要小瞧这样的人，在工作上不用心的人，他一定在其他方面用了心。这是你所不能及的。

天天不干活还照领工资，最主要的是工资可能还比你的高，相信很多人对于这些闲人的意见是非常多的，觉得这是不公平的表现。不过大家要想清楚一个问题，那就是老板会比你更加看不惯这些人的行为。毕竟老板是需要发工资的。如果老板一直没有行动，那只有一个原因，就是这个人还有你看不到的价值。

每个人能在他的位置上就总有某方面的特殊能力，啥也不干还能混下去也是一种本事。对于普通员工来说，还是不要想这些了，因为一旦你也不干活天天玩游戏的话，相信你很快就会被盯上的。

每个单位里，坏人都比好人"勤奋"。好人下班了，看电视，打游戏，哄孩子；坏人下班了，研究经理的心理，他的克星是谁，

第十四章
破小人局：不要在乎失去了谁，而要珍惜剩下的人

伯乐是谁，靠山是谁。好人创业，相信商道、法律、正义、合作、双赢；坏人创业，相信关系，相信技巧，认为法律是工具。

坏人能一时得利，但好人能做得更长久。

第十五章
破婚姻局:完全的信任,一定来源于没有秘密、没有防备、没有算计

第十五章
破婚姻局：完全的信任，一定来源于没有秘密、没有防备、没有算计

 **你怎么变了**

"我是想跟他好好过日子的，曾经数次痛哭流涕、掏心掏肺地跟他沟通婚姻的问题，然而收效甚微。""在他看来，只要我不吵不闹，不提离婚，就是正常的，其实我的心早已死了一千遍。""他变了，变得我不认识了。"

很多人感到奇怪，另一半总是琢磨不透。其实，变是对的，不变才是不正常的。

你遇到他时，是他的盛年，二三十岁的男人有阅历有才华，足够吸引你这样初入社会的小姑娘。

之后他的人生随着年龄的增长，逐渐趋于平凡和琐碎，缺点被固化，优点变得黯淡。

而你却在一点点长高，你进入了你的盛年，当年那个自卑的小姑娘有了主张和自信，看到了华美之下的褴褛、灿烂之下的疮疤，他旧日的光环被一点点地剥落。

他依旧是过去的那个他，所有改变只是走近后揭开了面纱，你却不是过去的那个你了。

你从未真正地了解过他，当年是这样，现在也是这样。**不是他变了，而是你长大了。**

相爱容易，相守太难。讲一个发生在我身边的真实例子。一对

夫妻刚刚结婚几个月就草草离婚。身边的人都很纳闷，后来问及此事，其实也没有什么大事。女生受不了男生每次不换拖鞋就进屋，晚上洗澡总是磨磨蹭蹭……男生受不了女生婚后一直喋喋不休，像个妈婆子。两个人都无法包容对方，这段婚姻自然就过不下去。

如果他们学会站在对方的角度去看待问题，也许就不会出现离婚这样的遗憾了。

男人忘了穿拖鞋就进屋，也许是工作太累了。

女人喋喋不休地争吵，其实只是想让男人越变越好。

钱锺书曾说："不管你跟谁结婚，结婚以后，你总发现你娶的不是原来的人，换了另外一个。"不是因为结婚，生活才变平淡的，不结婚生活也是平淡的；不是找个合适的人很难，生活中所有重要的事情都很难。哪有什么天生就适合的两个人，如果有绝配的两个人，靠的只能是彼此的珍惜。

人生不就是这样吗，非诚勿扰。**缘分是命运早就安排过的，如果还没来，你得等**。

第十五章
破婚姻局：完全的信任，一定来源于没有秘密、没有防备、没有算计

 跟妻子多谈感情，不要讲道理，更不能讲逻辑

人的思维可以分为两部分：感性思维和理性思维。感性思维是"爱""恨""愉快""悲伤"等感情部分，理性思维则是"演绎""归纳""推理""论证"等理性部分。

人类大脑的右半球负责感性思维，左半球负责理性思维。现代医学已经发现男人的大脑结构和女人的有所不同，男人大脑的左半球更发达一些，所以男人比女人更擅长理性思维，这也是男性在人类社会中占据支配地位的生物学原因。

男人讲道理可以在外面讲，如果和自己家的女人讲道理，特别是讲逻辑，那你就惨了。

男性跟女性相处的时候，要以情服人，不要以理服人，更不要傻到以逻辑服人。我跟老婆在一块的时候，她经常从工作的地方带回来一些情绪，她说她在职场上有一个同事怎么着、怎么着。然后她就很愤怒。有时候明显是她的错，我就给她分析，为什么这件事你也有错啊。然后呢，就拆解，一二三，有时候还拿纸笔，我说这事70%对方的错，你也有30%的错。最后她说："好。"接下来的两周，我都没好日子过。时间长了，我就明白，她回来讲，寻求的是感情支持。所以一个靠谱的老公，一是要假装听一听，也不要太假，问一两个细节；二是接下来一顿狂批，怎么能这样呢？但不

要演过火了。**你就跟着她的情绪走，她获得情感支持后也就满足了。**如果以理服人，你就会面临几十年的悲惨人生。

结得起、过得起，离得起吗

最近几年，我总是听到身边朋友离婚的消息。

2024年新年刚过，接到一位同学的紧急电话，他说要离婚。我纳闷了，这是哪跟哪啊！大新年的，净听吉利话了，听到这话很别扭！

我还是回了句："为什么离婚啊？"

"过不下去了。"

我思考片刻："你离得起吗？"

电话那头传来无奈的回答："离不起，要是离得起我早离了。你不知道两个人的寂寞比一个人的寂寞更可怕！"

我说："生活中不仅仅有爱情，还有责任，还有孩子、父母。离婚已经不是两个人的事了，如果没有孩子，如果真的没有感觉了，我是主张离婚的，如果有了孩子，如果不是原则性矛盾，请放下离婚的念头吧！"

可我终究没劝住，他们还是离了。他分了一半的财产，100多万，孩子归对方抚养。本来好好的一个家，现在就剩下100万元了，在银行存着。他经常拉我喝酒，他一个人闷啊，每天回到家，连个说话的都没有，房子也是租的，病了连个照顾的人也没有。

这婚离的,谁得到了好处?现在过得真比离婚前好吗?

离婚后两个人都获得了自由,可孩子怎么办?离婚对孩子伤害最大,这种阴影会影响几代人。

现在有一种工具,叫离婚计算器,相当流行。不少人把它当成一个娱乐项目,加加减减,算出一个天文数字,然后感慨一句:"天啊,离婚太贵,离不起啊!"裸婚时代,从单身走进裸婚,只需一秒钟。从裸婚走到离婚,本也是一刻钟的事。但用"离婚计算器"一算,你还真离不起。

俊杰有一套135平方米的房子,市场估价160万元,存款50万元,当前月收入7000元,还有一个4岁的儿子。

"如果家里的财产按照一人一半来分的话,那么,我家最大额的财产就是房子。"俊杰说,"房子有升值空间,一人得到房子,另一人不能简单地只拿一半的钱。"通过"离婚计算器"的评估,如果他大方一点,把房子让给妻子,那么,他大概可以拿到近100万元。

同样,若把使用了3年的轿车也让给妻子,分到俊杰手里的钱约有6万元。

"最令人头疼的,是计算孩子的抚养权和抚养费。"俊杰说。用"离婚计算器"计算,如果孩子的抚养权归妻子,根据他的经济能力,每月需支付1800元作为孩子的抚养费直到他18周岁,还不包括孩子的零花钱、教育经费等额外费用。既要保障孩子的生活质量,更要保证亲情不减,这比分割房产显得更为复杂。

最后,"离婚计算器"还"算"出另一些结果:俊杰需支付老人赡养费800元/月、诉讼费50元、房屋评估费2000元,

第十五章
破婚姻局：完全的信任，一定来源于没有秘密、没有防备、没有算计

甚至还有俊杰"单身"后的房租 1500 元/月。

有趣的是，"离婚计算器"还"奉劝"俊杰：百年修得同船渡，千年修得共枕眠，请珍惜婚姻！

结婚是人生大事，离婚也是。很多人以为离婚是噩梦的终结，却不知道它可能是另一场梦魇的开始。

当一对夫妻离婚后，原本共同经营的家庭就得分开经营，夫妻双方的生活水平可能因此下降，孩子也可能无法继续享受以前的物质生活了。

如果孩子适应不过来，加上离婚后父母各自为生活疲于奔命而忽略了孩子的感受，孩子的学业可能因此一落千丈，并出现行为、情绪等问题，严重的还会患上忧郁症，影响孩子的婚姻价值观，最后毁了孩子的前途，孩子痛苦，父母也痛苦。

当你有离婚念头时，首先要问问自己：离婚后你的生活能继续下去吗？你能生活得比现在更好吗？

也有一些非离婚不可的情况，比如对方使用暴力，不管身体上或口头上的，或者吸毒、酗酒、赌博等，而且已到执迷不悟的地步，没有改过自新的可能，而对伴侣的人身构成严重的威胁时，考虑离婚是必要的。

如果决定不离婚，夫妻双方要如何维系那已有裂痕的关系？

如果你是因为钱财或孩子而决定不离婚的话，**你必须学会如何在半妥协的情况下保护自己的自尊，你还得降低对婚姻的期待**，有许多夫妻就是以这种智慧维持他们的婚姻关系的。

为什么人间多是被辜负

省三甲医院的一位临床女医师,为了支持老公创业而辞职。三年后,老公生意做大,她"被"离婚了。"我不伤心,也没流泪,只是遗憾。怎么傻到拿自己的前途去赌人性呢?"她说。

为何好男人总遇到"渣女",好女人却总被"渣男"辜负?其实,古人早就总结过了,所以,民间流传下来一句"好汉无好妻,懒汉娶花枝",还有一句"骏马常驮痴汉走,巧妇常伴愚夫眠"。

现实生活中,确实有很多好男人娶了"渣女",很多好女人嫁了"渣男"。**"渣男""渣女"的搭配是很少的,他们似乎很懂得留意避开对方。**好男人遇上好女人的概率也有,但彼此若能遇上,多多少少有命运眷顾的成分。

在家庭中不断付出,而又不断被辜负的人,通常走了这几条弯路。

(1)真心付出,有可能越界了。

有个问题我们应该好好地思考一番:为何你真心付出了,另一半还非要与你作对呢?从人性的角度来说,就是因为你有可能触碰到了别人的"利益"。你一片真心为了家庭,你的家人却认为你把他们的责任都抢走了。这个时候,别人就不会感激你,而只会认为这个家里只有你重要,把你当成需要防备的敌人。

（2）习惯性付出，容易被视为"理所应当"。

其实，当你付出过多之后，那你就会在别人心中留下一定的刻板印象。这个时候，你稍微做得不好，别人就会挑你的刺，甚至还会针对你。

（3）在乌鸦眼里，天鹅是有罪的。

你需要承担什么责任，就承担什么责任。人人都各尽其责，"付出没好报"的情况发生得就会少。"过度付出"的人，吸引来的必定是"过度索取"的人。

当你学会把注意力放在自己身上，比如多跟朋友聚会，出门旅行，读书写字，尝试去提升自己，而非拿着八倍镜去观察伴侣、琢磨婚姻的时候，你会发现婚姻危机并没有想象中那么可怕。

"拿出婚姻算个屁的架势，婚姻就不会是个屁；如果拿出靠婚姻获得母乳般滋养的架势，得到的一定是个屁。"

话糙理不糙。

第十六章
破事业局：只要埋头苦干，
做出业绩，迟早会被提拔？

第十六章
破事业局：只要埋头苦干，做出业绩，迟早会被提拔？

 你以为自己很重要，其实并非如此

在单位，总有这样一些人，他们觉得自己有技术，或者为单位签了多少客户，为单位挣了不少钱，单位就好像离不开他了。事实真的如此吗？

实际上，这些人都是在自己的局部小环境中得到了一些认可，然后就觉着自己多么了不起。他们多半跌入了一个心理学怪圈，叫作花盆效应。

什么是花盆效应？花盆是一个半人工、半自然的小环境。首先，它在空间上有很大的局限性；其次，由于人为地创造出非常适宜的环境条件，在一段时间内，作物和花卉可以长得很好，但一离开人的精心照料，花卉就经不起温度的变化，更经不起风吹雨打了。

以为自己很牛的人，只是在特定环境下才会有自己的优越感，一旦离开这个环境，也就没有他想象的那么好了。

一个好的单位，离开了谁都能转。

初恋的时候，她说："我会爱你一辈子！"还记得说出这句话时的那种决心和语气，毫不犹豫，坚定不移，满眼感动。曾经以为离开了她我会死，再也遇不到更好的人了。如今，各自在不同的城市，有不同的圈子，过自己的日子。谁离开了谁都能活。

一个单位更是如此。

得 道

你以为你的工作无可替代,事实上一个刚毕业的小年轻就可能比你干得好。如果你在单位是比较重要的人物,你可能因为待遇问题提出辞职。当你提出离职以后,老板的第一反应是目前公司有没有立即可以顶上来的可用之人,如果暂时没有,即使上司对你进行了挽留,但他很可能已经在心里开始琢磨着要招一个或者在内部培养一个人来代替你了。

我曾经遇到过一个同行,他在一家互联网公司做策划总监,一次在朋友聚会中遇到一个高过自己现有薪资一倍的工作机会,于是心里产生动摇,思考一番便向就职的公司提出了离职。

当时的上司立刻给他涨了薪资,又承诺了各种诱惑,还一起喝了不下三顿酒,上司的各种表现可以说是推心置腹、感天动地。

于是此人被上司的一番真诚所打动,推掉了另一边的机会,更加专注在原来的工作岗位上。让他没有想到的是,仅仅三个月过后,上司就聘了新的策划总监,以模棱两可的理由将他劝退……

第十六章
破事业局：只要埋头苦干，做出业绩，迟早会被提拔？

 ## 委屈都受不了，能成什么大事

在每一年的提拔中，得意的是极少数，失意的是大多数。这些失意的，我们称之为分母。

随着时间的推移，分母只会越来越大，每一层岗级的晋升，竞争都会变得越来越激烈，人也越来越委屈。

人在不同的阶段，会承受不同的委屈。大人物有大人物的委屈，小人物有小人物的委屈。要想在人际交往中，尤其**在职场上游刃有余，没有承受委屈的本事是不行的。**

王杰任业务经理的第三年，公司委派了一名新总经理。新总经理是老业务员出身，没有多少文化，对管辖的下属，谁工作认真、昼夜加班、出了成绩，他看在眼里，却忘在脑后；谁迟到早退，不请假，或者没有给他及时送材料，他却牢牢记在心上，时不时地给你点颜色瞧瞧。尤其是对业务部的工作总是挑毛病、找破绽，好像咋看咋不顺眼。

面对蛮不讲理的新总经理，王杰既没有当面顶撞，也没有逢迎巴结。他经常和本部门的人员开会，定出工作程序，交给总经理过目后，再切实执行，并做好系统记录，以便总经理翻阅。

他这样自行安排工作，既减少了他这个业务经理与新总经理的摩擦，也减轻了自己的负担。

有几次，王杰被总经理严厉批评，但他没有让自己的情绪变得异常，并把这种情绪带到工作中去。相反，王杰每次受到委屈，必当机立断，检查自己的工作是否有错误，并且有错必改，或是重新估计自己，进一步做好本职工作。

此外，对待这样的"大老粗"总经理，王杰为自己的前途着想，时时小心，处处小心，步步小心，每一件事、每一句话都对总经理格外尊敬，尊重总经理的意见，多向总经理请教，多多体谅总经理的难处。

这样一年下来，总经理对王杰褒奖有加，再也不像以前那样恶声恶气了，又过了半年，王杰被提升为业务部总监。

有记者曾经采访诗人余光中，问他："李敖先生天天在不同场合找您的茬儿，您从不回应，何故？"

余光中沉吟片刻，答曰："他天天骂我，说明他的生活不能没有我。而我从不搭理，证明我的生活可以没有他。"

社会比学校要复杂得多。你有再多的委屈，也要咽下眼泪继续前行。学会承受委屈，是我们成长的第一步。你不可能将所有的误会都一一找人去对质，去解释。这个世界也总有人为了达到自己的目的，踩着别人的肩膀上位。在那样的情况下，我们如果没有强大的内心，真会输给自己。

把一口咽不下的气咽下去，你就成长了，就成熟了。你天天说羡慕那些成熟的人、那些有钱的商人，那你能咽下他们咽下的气吗？那些成熟的人，大概是受了很多的委屈，都是开导了自己一百遍、说服了自己一千次。

巷子里的猫很自由，但没有归宿；围墙里的小狗有归宿，却终生都要低头。**能承受委屈的人才能吃得开，混得下去**。

第十六章
破事业局：只要埋头苦干，做出业绩，迟早会被提拔？

 有时批评是一种保护

当你犯了一些原则性错误时，领导很严厉地批评了你，之后又耐心地和你讲了原因和正确的做法，说明领导重视你！严师出高徒，另外领导不是对谁都愿意批评的，因为领导本身就很忙，如果不是觉得你有潜力，才懒得这么耐心地教导你。

在公司里，面对职务升迁的重大机遇，许多够条件的人，特别是你的竞争对手，都不会放弃机会。

面对这种复杂情况，主要领导就要有定力、有办法，去应付这种局面。必要时，他也会透露下一步的干部安排计划，觉得好像要选你的竞争对手，从而稳控你的竞争对手，使他不再从中搅局。其实领导这一次不想用他。

而对你可能公开批评，私下里对你说一些比较重要的事情，或者关键环节上的事情。

这样公开的批评，其实是对你好。

回顾一下，从小到大批评我们最多的人是谁？是我们的父母。哪个父母不是望子成龙？在学校批评你最多的是谁？是我们的老师。哪个老师不希望自己的学生将来有出息？同样，今天那些批评你的人，也是为你好，觉得你是个人才！

所以，当你遇到好心的领导批评的时候，先不要抗拒，不要觉得有人在故意整你，并做好以下几点。

（1）受到批评时，最忌当面顶撞。

当然，公开场合受到不公正的批评、指责会使自己被动，但你可以一方面私下耐心做些解释，另一方面用行动证明自己，但当面顶撞是最不明智的做法。

（2）对批评不要不服气和牢骚满腹。

批评有批评的道理，接受批评才能了解上司，接受批评才能体现对上司的尊重。

（3）受到批评不要过多解释。

受到上司批评时，反复纠缠、争辩，希望弄个一清二楚，这是很没有必要的。确有冤情、确有误解怎么办？可找一两次机会辩白一下，点到为止。即使上司没有为你"平反昭雪"，也完全用不着纠缠不休。这种斤斤计较型的下属，是很让上司头疼的。如果你的目的仅仅是不受批评，当然可以"寸土必争""寸理不让"。可是，一个把上司搞得精疲力尽的人，又谈何晋升呢？

（4）不要把批评看得太重。

没有必要把一两次批评和自己的整个前途命运联系起来，觉得一切都完了，天昏地暗，灰心丧气。如果上司批评了你，你就一蹶不振，打不起精神，这样会很让上司看不起你。如果你是这样一种表现，以后上司可能再不会批评、指责你什么了。同样，他再也不会信任和重用你了。

有时候，敢批评你的人才是你的贵人。

第十六章
破事业局：只要埋头苦干，做出业绩，迟早会被提拔？

 **别怕麻烦领导**

你和别人级别相当，为什么别人一开口就能从领导那里获取资源支持，而你总是碰壁？为什么别人的项目领导总是爽快地批下来，你的项目领导就是不批？都说会哭的孩子有奶喝，在职场上，要做好向上管理，最直接的办法就是向你的上司争取资源。

小L一直兢兢业业，认真负责。他有个同事小X满不在乎，经常出错，但是他经常跟上司报告情况，总结问题，讨论解决方案，临近结项，他还提出要奖金。

小L默默地做好自己的事情，所有困难自己克服，他觉得上司一定是公平的，谁更认真努力上司一定会看在眼里。

小L做事勤勤恳恳、踏踏实实，遇到问题自己解决，不出天大的差错不会麻烦领导。而小X不同，他向领导早汇报晚请示，天天提醒上司自己干了点啥，天天瞄准机会向领导要人要资源、要机会。升职的时候，谁会想到从不发声的小L？会提要求的小X自然上位。

很多人认为资源都在领导手里，决策权都在领导那里，我们没有影响的余地。事实是，如果我们想要为项目或者自己争取资源，最好不要私下打听，有些情况或许放在明面上了解会来得更坦荡有效一些。比如你想知道能为项目争取多少资源，不妨主动问问领导对项目的看法，这既表现了你对工作的负责，又能巧妙地了解领导对项目的重视程度；如果相谈甚欢，你也可以顺便多问一句：在这个项目上，你认为最重要的事情是什么？我们现在人手太紧，如果要在某日前做到肯定可以，不过公司能否帮忙再抽调几个人？

　　向上级争取资源，一定要正式沟通，有理有据。"我初步估算了一下，本次新产品设计需要完成12个界面设计（包括七个功能点），目前最大的挑战是评审资源，因为需要你和其他领导的评审资源，按照一次评审三个界面，每次评审会45分钟，我们至少需要开四次（合计180分钟）评审会，你看我们能否把评审日期敲定下来？这样我们可以及时拿到评审结果，快速调整设计方案。"

　　其实，**领导是希望你把事情做好的。你做好了他脸上也有光，你的业绩也是他的业绩。**

　　但这里的麻烦不是添乱，不要有点问题就去找领导解决。有些资源你是可以自己协调的，偏偏去找领导向你倾斜，别的同事怎么看？这不是给领导添堵吗？

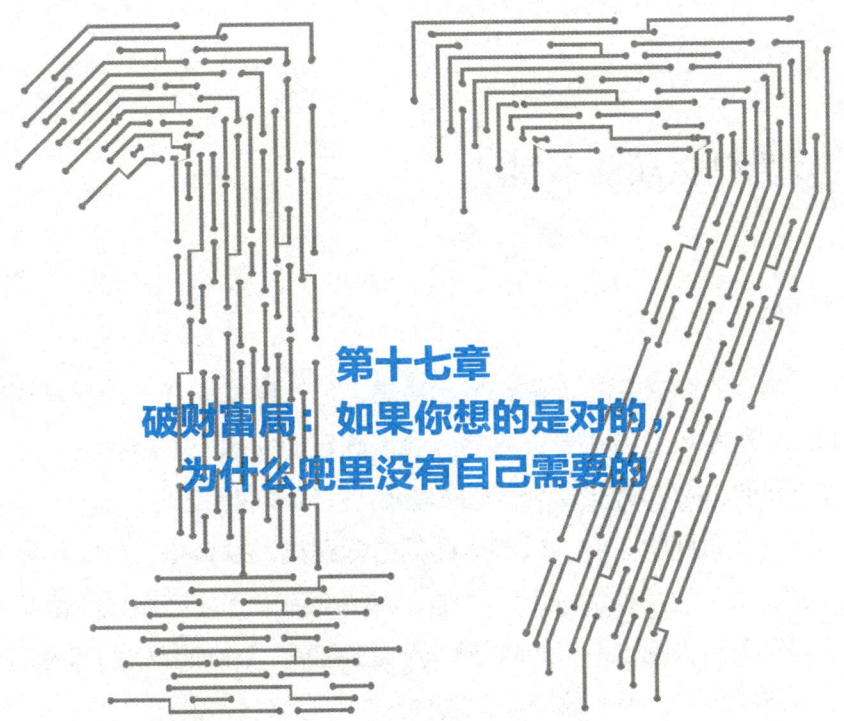

第十七章
破财富局：如果你想的是对的，
为什么兜里没有自己需要的

为什么买涨不买跌

每个人每天都在面临选择和决策，但这些选择并非全都是理性的，恰恰相反，人们受过去的经验、满足的假想、不精确的参照系等因素的影响，时常会做出有损最大利益的非理性选择。

一个心理学家曾经做过这样的心理测试，题目是：假如在你的身上发生下面两种情况，一种是你不小心丢失了 1 万块钱，但又捡到了别人丢失的 5000 块钱；另一种是你丢失了 5000 块钱。问题是：前后两种情况，哪一种情况发生时，你的心情更为糟糕？

结果表明，大多数人的选择是后者，他们并未意识到无论哪一种情况自己的实际损失都是 5000 块钱。事实上如果足够理性的话，心情应该一样糟糕。

其实，这个心理测试只是为了证明，人们在做出某种决策时，往往并非像传统经济学假设的那样，全面理性地分析问题并进行权衡，而是更为依赖心理上的感受。

人们对损失和获得的敏感程度是不同的，**损失时的痛苦感要大大超过获得时的快乐感**。因此，人们在面临获得时往往是小心翼翼，不愿冒风险；而在面对失去时则会很不甘心，容易冒险。而这正是人们消费时"买涨不买跌"的原因。价格上涨的时候，不买就感觉自己损失了什么，所以选择跟上。

第十七章
破财富局：如果你想的是对的，为什么兜里没有自己需要的

很多现象都说明了这一点。日本的房地产价格曾经上涨到了疯狂的程度，投资者照样趋之若鹜，奋不顾身地投入，根本不理会价格已远远超出商品本身的价值；经济不好的时候，物品价格一跌再跌，价值早已凸现，但依然无人问津。

人是非完全理性的，人都有利己的一面。知道了这一点，你就能抓住客户的心。

穷人存钱，富人借贷

在美国有个富人的儿子问："老爸，咱家有多少钱？"父亲回答："咱们全家三辈子也花不完。"

儿子又问："老爸，咱家有多少负债？"父亲回答："咱们全家八辈子也还不完。"

无论是房贷还是其他方面的贷款，处于上风的绝对是银行，而处于不利地位的一方就是贷款人。假如你是工薪族，突然有了一笔钱，你就要当场终止储蓄，用那笔钱尽快还贷款。"这世上没有一边付利息贷款，一边储蓄拿利息的傻瓜，这世上也未看见过存款利息高于贷款利息的银行。"

这是很多理财专家的主张，被一些人当成金玉良言。不过，那些有钱的人可不这么想。

李小姐今年29岁，是某外资银行的一名高级白领。她在新加坡读的大学，专业是金融管理学，之后又去美国学习，获得了金融MBA学位。毕业后曾在美国某投资公司工作过一段时间，后来跳槽进了现在这家银行，之后就再也没挪动过，是投资领域公认的专家。

李小姐曾经在新加坡分公司里工作过几年，除了这段时间

第十七章
破财富局：如果你想的是对的，为什么兜里没有自己需要的

之外，她一直跟父母住在一起，结婚之后，也是如此。李小姐年薪 120 万元左右，只要她愿意，她随时都可以买个公寓搬出来，构建自己的小家庭。

不过，李小姐认为她是家里唯一的女儿，侍候父母是她义不容辞的责任，因此几年来都与父母生活在一起。不过，随着渐渐长大，出于对未来的考虑，李小姐做出了购买一套公寓的决定。多年来将女儿的孝心看在眼里的父亲愿意为女儿的公寓支付一定的"后援金"，但李小姐拒绝了，她选择了从银行贷款。

为了不给父母增加额外的负担，她拒绝了父母的资助，李小姐的行为合情合理。不过，年薪 120 万元的她还选择从银行贷款购房，确实让人有些不解。对此，李小姐说："理由有二：第一是孝心问题，其次负债也是一种资产。"

这里，给你三个建议。

（1）管理好自己的债务。

债务实际上也是另一种意义上的本钱。你应该明白该如何积极地活用债务，巧用他人的钱去投资，并取得较高的收益。只要活用负债，债务就会成为提升收益的杠杆。**债务不是令人畏惧的魔鬼，而是你管理的对象**。用自己的钱进行投资时，要把握好机会；用借来的债投资时，要管理好风险。不知道管理风险，一味回避风险的人是不会赚到钱的。

（2）借债不是为了消费，而是为了投资。

我们许多人借钱只是为了买一辆高档小轿车，以便炫耀自己，还有人即便借钱也要到海外去旅游一趟，但富人只为了投资而借钱。在以消费为目的的贷款中，轿车的价值会随着时间的推移而降低，

休假中使用的钱，其价值会随着消费而消失，最终剩下的除了债还是债。为了投资而借钱却不同，因为借钱投资除了还利息之外，还能额外获利，这就是新生代富豪活用债务的秘诀之一。新生代富豪们借债不是为了消费，而是为了投资，欠的贷款虽然越来越多，但获利也越来越大。

（3）在自己能承担的范围内贷款。

至少你要有支付利息的能力才行。从根本上说，不管自身条件如何，完全指望"借鸡生蛋"的人是傻瓜，不要陷入这种误区。约翰·邓普顿说："生产性的贷款是必要的，然而无止境地贷款也不是一种高明的做法。"**如果想挣大钱，首先就要转换思维，改变对"负债"的片面认识**。此外，高超的判断能力和预测能力及自信心也是必不可少的。

第十七章
破财富局：如果你想的是对的，为什么兜里没有自己需要的

投资并非一个智商为 160 的人
一定能击败智商为 130 的人的游戏

巴菲特说："智商高的人未必就能击败智商低的人，而且我从来没发现高等数学在投资中有什么作用，你只要懂得小学的算术就足够了。"

巴菲特一直反对把智商当成良好投资的关键，他强调投资人最重要的是要有情商，要有判断力、原则性和耐心。

"你不需要成为一个火箭专家。投资并非智力游戏，一个智商为 160 的人未必能击败智商为 130 的人。理性才是最重要的因素。"巴菲特这样说。

有一次，一位刚进入期货市场的客户问一位工作人员："你见过拿着赢利走出这个市场的人吗？"这位工作人员说："早年做国债时有一个老头曾经把资金翻过数倍后离开了公司，在这之后就没有人能拿着赢利走出公司，公司中每年都会走掉一批老客户，又会补充进一批新人，而且周期通常是一年，多少年来不断地重复这个定律。"这些话让这位客户更加迷茫，回头看看身边的人，有谁不是抱着"我是最聪明的"的心态在重

复屡战屡败的现实。

许多人以为成功者必须具备高智商，必须聪明绝顶，这种观点太过绝对。一个人想做出些成就，智商当然不能太低，这里有个底线问题，比如不能是植物人，不能笨到连 1 加 1 等于 2 都不知道。但全世界高智商的人何止上千万，但巴菲特、索罗斯和比尔·盖茨这类的人物又有几个？

美国一家著名研究机构通过对 188 家公司的调查，测试公司的高级主管的智商、情商与他们的工作表现之间的联系，结果发现，情商的影响力是智商的 9 倍。这说明什么？说明**没有高智商的人如果拥有高情商，同样可以成功**。

麦当劳公司的创始人雷蒙·克罗克说："高智商和成功并非一回事，我们时常碰到无所作为的高智商者和大有作为的智商平平者。聪明的人不能够成功的确是一件耐人寻味的事情。"所以，一个优秀的投资者，一定不要有与别人比智商的念头，不要以为别人是傻子、市场是傻子。当你这样想的时候，已经很危险了——由于你的忽视。

第十八章
破低谷局：多黑的天，到头了也得亮

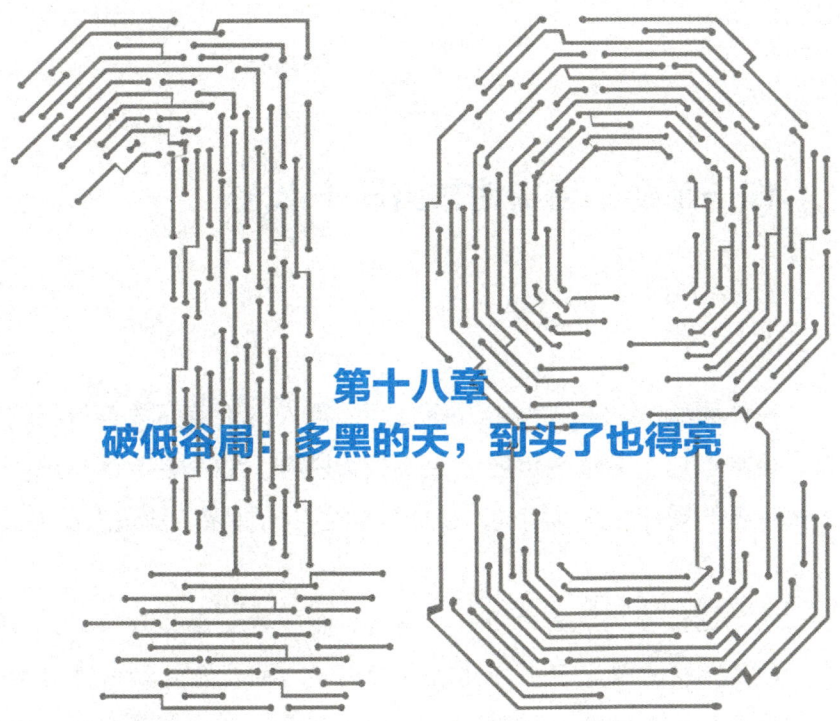

得 道

 你一定要千百次地救自己于水火

在你渴望成功的过程中，不要因为别人的影响而放弃自己的梦想。要想在这个变动的世界中获得重大胜利，你一定要拥有那些伟大拓荒者的精神。这种精神，会成为你生存的血液、前进的动力。

1832年，林肯失业了。当时，他下决心要当政治家，糟糕的是他竞选失败了。一年里遭受两次打击，他无疑是痛苦的。但他并没有被失败压倒，他又着手创业，可一年不到，公司就倒闭了。为了偿还债务，他在以后的17年里四处奔波，历尽磨难。

其间，他决定再度竞选州议员，这次他成功了。他认为，自己的生活可能有了转机，可就在结婚前的几个月，他的未婚妻不幸去世。这对他的打击更大，他心力交瘁，卧床不起，患上了严重的神经衰弱症。

1838年，他觉得身体稍稍好转时，又决定竞选州议会议长，可他失败了；1843年，他参选国会议员，最后以失败告终……

他一次次尝试，又一次次失败，但始终没有放弃努力，也始终没有说过要是失败了会怎样。1846年，他再次参选国会议员，这次终于成功了。在以后的日子里，他仍在失败中奋起，一次又一次地努力。最后他在1860年当选为美国总统。

第十八章
破低谷局:多黑的天,到头了也得亮

试想一下,如果是你处在林肯的境况下,会不会放弃努力呢?这是那些意志消沉的人很值得去深思的问题。不论做什么事情,你都不要害怕失败。那些跌倒了爬起来,还有勇气再上场拼搏的人,才会在事业中获得成功。

一个人得了癌症,医生说他最多能活五年,相当于提前判了"死"刑。但是他自己依然充满希望,积极生活,已经活了二十多年身体还没大问题。

医生放弃了,亲人放弃了,世界都放弃了,自己也不能放弃。

请你一定要对自己好点,因为一辈子不长。

 **自愈的能力**

无论贫富贵贱，人总会在一瞬间崩溃。

我一个朋友的朋友，欠了点钱，又和妻子拌了几句嘴，一时想不开，吞下了百草枯。

救护车上，朋友怀抱着他去医院，还是没来得及。

生活的麻烦没有尽头。

有人好不容易找到工作，转眼就被裁；有人刚还完房贷，父母又生病住院了。

有人看上去幸福美满，却面临离婚的痛苦；有人拼尽全力，可日子还是毫无起色。

这也就不难解释为什么五大三粗的中年男人会在地铁上痛哭、精明能干的事业女性只想被母亲抱抱。

当你遇到人生大坎的时候，不能寄希望于任何人。父母、兄弟姐妹、朋友、枕边人，甚至你曾经大力帮助过的人，都不能。

人必须自愈，自己走出来。

而且要坚信，这个坎是来帮助你、提醒你的，一定能过去。

你只管努力，做好人，行好事，走正道，怀正义，时间一定会给你一个交代。

当你六神无主时，就工作。

第十八章
破低谷局：多黑的天，到头了也得亮

当你孤独冷清时，就运动。

当你苦闷压抑时，就交谈。

当你委屈绝望时，就读书。

弱者自卑，强者自愈。**每个人都曾伤痕累累，自愈力是无边苦海中救命的唯一浮木。**

你若不勇敢，谁替你坚强

人生在世，依赖任何人都是不现实的，或许别人会给你提供一个机会，但最终问题还是要靠你自己去解决。

美国从事个性分析的专家罗伯特·菲利浦有一次在办公室接待了一个因自己开办的企业倒闭、负债累累、离开妻女四处为家的流浪者。

那人进门打招呼说："我来这儿，是想见见这本书的作者。"说着，他从口袋中拿出一本名为《自信心》的书，那是罗伯特许多年前写的。流浪者继续说："我已经看破一切，认为一切已经绝望，所有的人（包括上帝在内）已经抛弃了我，但还好，我看到了这本书，使我产生了新的看法，为我带来了勇气及希望，并支持我度过了昨天晚上。我已下定决心，只要我能看到这本书的作者，他一定能协助我再度站起来。现在，我来了，我想知道你能替我这样的人做些什么。"

在他说话的时候，罗伯特从头到脚打量流浪者，发现他茫然的眼神、沮丧的皱纹、十来天未刮的胡须及紧张的神态，这一切都显示，他已经无可救药了。但罗伯特不忍心对他这样说。因此，罗伯特请他坐下，要他把他的故事完完整整地说出来。

第十八章
破低谷局：多黑的天，到头了也得亮

听完流浪汉的故事，罗伯特想了想，说："虽然我没有办法帮助你，如果你愿意的话，我可以介绍你去见本大楼的一个人，他可以帮助你赚回你所损失的钱，并且协助你东山再起。"

罗伯特拉着他的手，引导他来到从事个性分析的心理试验室里，和他一起站在一块窗帘布之前。罗伯特把窗帘布拉开，露出一面高大的镜子，罗伯特指着镜子里的流浪汉说："就是这个人。在这个世界上，只有一个人能够使你东山再起，除非你坐下来，彻底认识这个人——当作你从前并未认识他，否则，你只能跳入密歇根湖里，因为在你对这个人做充分了解之前，对于你自己或这个世界来说，你都将是一个没有任何价值的废物。"

他朝着镜子走了几步，用手摸摸长满胡须的脸孔，对着镜子里的人从头到脚打量了几分钟，然后后退几步，低下头，开始哭泣起来。

过了一会儿后，罗伯特领他走出电梯间，送他离去。

几天后，罗伯特在街上碰到了这个人，他不再是一个流浪汉形象，他西装革履，步伐轻快有力，头抬得高高的，原来那种衰老、不安、紧张的姿态已经消失不见。他说，感谢罗伯特先生让他找回了自己，并很快找到了工作。

后来，那个人真的东山再起，成为芝加哥的富翁。

假如你正处在一个不利的位置，那么请丢掉幻想，自己解救自己吧，**这个世界上锦上添花的总比雪中送炭的多**。

这些年，你以为自己只是懒，其实是怕

我们希望自己的一生平安健康，但你心里或许总是担心这，担心那，其实在**你所担心的事情中，有 99% 根本就不会发生**。

卡耐基的儿童时代是在密苏里州的农场度过的。有一天，他在帮母亲摘樱桃的时候，哭了起来。妈妈说："戴尔，你到底哭什么？"

他哽咽地回答道："我怕会被活埋。"

那时候他心里总是充满了忧虑。暴风雨来的时候，他担心被闪电击死；日子不好过的时候，他担心东西不够吃。另外，他还怕死了之后会进地狱，他怕一个名叫山姆·怀特的男孩会割下他的两只大耳朵，他怕女孩子在他脱帽向她们鞠躬的时候取笑他，他怕将来没一个女孩子肯嫁给他，他还为结婚之后他该对太太说的第一句话是什么而操心。他想象他们会在一间乡下的教堂里结婚，会坐着一辆上面垂着流苏的马车回到农庄……可是在回农庄的路上，他怎么能够一直不停地跟她谈话呢？他该怎么办呢？他在犁田的时候，常常花几个小时想这些惊天动地的大问题。

日子一年年过去了，他渐渐发现，他所担心的事情中，有

第十八章
破低谷局：多黑的天，到头了也得亮

99%根本就不会发生。

美国海军也常用概率统计数字鼓励士兵的士气。

一个以前当过海军士兵的人说："当他和船上的伙伴被派到一艘油船的时候，他们都吓坏了。"这艘油轮运的都是汽油，因此他们都相信，要是这条油轮被鱼雷击中就会爆炸，并把每个人都送上西天。

可是美国海军有他们的办法。海军总部发布了一些十分精确的统计数字，指出被鱼雷击中的100艘油轮里，有60艘并没有沉到海里去，而真正沉下去的40艘里，只有5艘是在不到5分钟的时间沉没的。那就是说，你有足够的时间跳下船——也就是说，死在船上的概率非常之小。这样对士气有没有帮助呢？

"知道了这些概率之后，我的忧虑一扫而光了。"

所以，**要在忧虑摧毁你以前，先改掉忧虑的习惯**，最好的办法是：让我们看看以前的记录，并算出一个平均概率，然后问问自己，我现在担心的事情，发生的概率有多大？